Injeti Jaleel Basha
Amarendra Kumar Singh

Avaliação do fosfato de rocha de Udaipur como fonte de P para a soja

Injeti Jaleel Basha
Amarendra Kumar Singh

Avaliação do fosfato de rocha de Udaipur como fonte de P para a soja

ScienciaScripts

Cover image: www.ingimage.com

This book is a translation from the original published under ISBN 978-620-2-31739-9.

Publisher:
Sciencia Scripts
is a trademark of
Dodo Books Indian Ocean Ltd. and OmniScriptum S.R.L publishing group

120 High Road, East Finchley, London, N2 9ED, United Kingdom
Str. Armeneasca 28/1, office 1, Chisinau MD-2012, Republic of Moldova, Europe
Printed at: see last page
ISBN: 978-620-8-01710-1

RECONHECIMENTO

Antes de mais, agradeço e louvo a Deus Todo-Poderoso por me ter dado saúde, sabedoria, conhecimento e força ao longo de todo o meu percurso de estudo.

Desde já, gostaria de expressar o meu mais profundo sentimento de gratidão, os meus sinceros agradecimentos, o meu apreço e o meu mais elevado reconhecimento ao meu Orientador Principal, Dr. A.K. Singh, Professor Associado, Departamento de Química Agrícola e Ciência do Solo, NU: SASRD, Medziphema, Nagaland, por todo o apoio e constante inspiração e encorajamento prestados ao longo do meu trabalho de investigação.

Gostaria também de exprimir a minha sincera gratidão e os meus sinceros agradecimentos aos membros do meu comité consultivo, Dr. R.C. Gupta, Professor e Diretor do Departamento de Química Agrícola e Ciência do Solo, Dr. Lanunola Tzudir, Professor Adjunto do Departamento de Agronomia, Dr. R.C. Nayak, Professor do Departamento de Conservação do Solo e da Água e ao Chefe do Departamento, Professor S.K. Sharma, pela sua ajuda e pelos seus valiosos conselhos durante o meu trabalho de investigação e de tese.

Reconheço as contribuições dos meus amigos e apoiantes. O meu apreço sincero e especial vai para Moses, Digvijay, Chanbemo e Rajib. Estou muito grato pelos valiosos serviços que me prestaram durante o período de investigação. Os meus agradecimentos cordiais continuam a ser ilimitados para os meus colegas de turma, por me terem proporcionado uma companhia alegre ao longo de todo o curso dos meus estudos no SASRD.

Por último, mas não menos importante, a minha sincera gratidão e o meu amor sem limites vão para os meus pais, irmãos, irmãs e familiares pela sua incessante oração, amor e apoio. Obrigado por terem confiado em mim e por me terem ajudado a chegar a esta jarra.

Data:

Local: Medziphema

(Injeti Jaleel Basha)

Resumo

Os experimentos foram realizados no laboratório de Química Agrícola e Ciência do Solo, SASRD, Universidade de Nagaland e na fazenda do projeto de pesquisa de soja AICRP, Medziphema, Nagaland no período de junho a novembro de 2015 para fazer um estudo sobre "Avaliação do Fosfato de Rocha de Udaipur como fonte de fósforo para Soja (*Glycine max* L. Merrill)". O estudo revelou que, na experiência de laboratório, o P de Bray aumentou significativamente a partir da data de incubação e o aumento diminuiu gradualmente à medida que o período de incubação prosseguiu e o valor do pH do solo diminuiu à medida que os dias do período de incubação prosseguiram, estas alterações foram registadas mais elevadas no tratamento que recebeu PARP + FYM. Na experiência de campo, o rendimento e os atributos de rendimento mostraram uma resposta significativa aos diferentes tratamentos e registaram o valor mais elevado com PARP + FYM, exceto o número de sementes pod^{-1}. Os parâmetros de qualidade, *ou seja,* o teor de proteína e óleo da semente, foram influenciados significativamente pelos diferentes tratamentos e a absorção de P, PUE, também foi influenciada pelos diferentes tratamentos e registou o valor mais elevado com PARP + FYM. No solo, os nutrientes residuais após a colheita, o teor de carbono orgânico não foi significativamente diferente entre as diferentes fontes de P com ou sem FYM e PSM e o N, P e K disponíveis mostraram diferença significativa com os tratamentos e registaram o maior valor no tratamento que recebeu PARP + FYM. Assim, pode concluir-se que a aplicação de PARP à taxa de 60 kg P O_{25} juntamente com 5 t FYM ha^{-1} é mais eficaz para aumentar o rendimento e a qualidade da soja e o estado residual de nutrientes do solo sob a condição de solo ácido de Nagaland. A aplicação de RP à taxa de 60 kg P O_{25} ha^{-1} minimiza o custo do fertilizante P, e é a melhor alternativa para os fertilizantes P caros.

ÍNDICE

LISTA DE ABREVIATURAS

@	-	at the rate
%	-	percent
/	-	Per
^{0}C	-	Degree Celsius
CD	-	Critical Difference
cm	-	Centimetre
DAS	-	Days After Sowing
EC	-	Electrical Conductivity
et al.	-	and others
Fig.	-	Figure
g	-	Gram
ha	-	hectare
ICAR	-	Indian Council of Agricultural Research
i.e.	-	that is
K	-	Potassium
kg	-	Kilogram
m	-	meter
mm	-	Millimeter
MOP	-	Murate of potash
N	-	Nitrogen
NS	-	Non significant
N.U	-	Nagaland University
P	-	Phosphorus

pH	-	Negative logarithm of hydrogen ion activity in soil
PARP	-	Partially acidulated rock phosphate
PSM	-	Phosphorus solubilizing microorganisms
q	-	quintal
RBD	-	Randomized Block Design
RP	-	Rock phosphate
SASRD	-	School of Agricultural Sciences and Rural Development
SEm	-	Standard error mean
SSP	-	Single super phosphate
t	-	tonne

CAPÍTULO 1

INTRODUÇÃO

A soja *Glycine max* (Linn.) Merrill pertence à família Fabaceae (Leguminoseae). É uma cultura importante em todo o mundo, porque tem uma vasta gama de adaptações geográficas, uma composição química única, um bom valor nutricional, benefícios funcionais para a saúde e uma variedade de utilizações finais (géneros alimentícios, alimentos para animais e não comestíveis). Melhora a fertilidade do solo através da fixação do N2 atmosférico até 50300 kg/ha, dependendo das condições agro-climáticas, variedade, estirpes, etc. (Keyser e Fudi, 1992) e adiciona 1,0-1,5 toneladas de folhagem por estação/ha. A soja é a primeira cultura do mundo como fonte de óleo vegetal e também na Índia. Continuará a desempenhar um papel fundamental no combate ao défice de óleo alimentar no país (Damodaran e Hedge, 2010). Contém 40% de proteínas de boa qualidade, 20% de óleo com cerca de 85% de ácidos gordos insaturados, incluindo 55% de ácidos gordos polinsaturados (PUFA), 25-30% de hidratos de carbono e quase nenhum amido, 4-5% de minerais, anti-oxidantes, nomeadamente ácido ascórbico (9-10 mg/100 g de soja germinada) e beta-caroteno (0,2 mg/100 g de soja germinada), e cerca de 0,3% de isoflavonas (daidzeína e genesteína). É por isso que também é conhecido como "Wonder Crop", "Miracle Crop" e "Golden Bean".

É geralmente aceite que a soja é originária da Ásia Oriental. Segundo Nagata (1960), a origem da soja na China pode estar provavelmente na região centro-norte. Hymowitz concluiu que foi na metade oriental do norte da China que a soja foi domesticada pela primeira vez, por volta do século 11th a.C. Chang (1989) sugeriu que o vale inferior e médio do rio Amarelo é a principal área de origem da soja. Antigamente, sabia-se que a soja preta era cultivada no sopé dos Himalaias e nas colinas de Manipur Naga. No entanto, o seu cultivo permaneceu confinado a pequenas bolsas de zonas montanhosas de Uttarakhand, Punjab e Himachal Pradesh. Parece que, na Índia, a soja foi introduzida a partir da China através da rota dos Himalaias ou de Myanmar.

A soja é a cultura oleaginosa mais importante do mundo em termos de área cultivada e produção. Em 2009-2010, a área, a produção e a produtividade da soja no mundo foram de 102 milhões de hectares, 261 milhões de toneladas e 2,55 t/ha, respetivamente. A nível mundial, a contribuição percentual da soja na área cultivada e na produção de sementes oleaginosas é de cerca de 48,2 e 60,0, respetivamente. Os principais países cultivadores de soja são os EUA, o Brasil, a Argentina, a China, a Índia e o Paraguai. Os EUA são o principal produtor de soja do mundo. A Índia ocupa o quarto lugar em área cultivada e o quinto em produção no mundo. Na Índia, Madhya Pradesh, Maharashtra e Rajasthan são os principais estados produtores, contribuindo com cerca de 95% da área total e da produção de soja no país. Na Índia, é cultivada numa área projectada de 10,69 milhões de hectares, com uma produção e produtividade estimadas em 12,67 milhões de toneladas e 1185 kg ha^{-1} . O Madhya Pradesh tem 54% da área do país e contribui com 59% da produção total de soja no país, merecendo ser chamado de "estado da soja".

Na Índia, em 2025, as necessidades de cereais para os 1,4 mil milhões de habitantes serão de cerca de 300 milhões de toneladas (M t) (Tiwari, 2002). Este nível de produção exigirá cerca de 30 milhões de toneladas de azoto (N), fósforo (P) e potássio (K), incluindo 8,6 milhões de toneladas de P2O5. Para além disso, seriam necessárias mais 14 a 15 M t de NPK para culturas hortícolas, plantações, cana-de-açúcar, algodão, oleaginosas, batata e outras. Assim, cerca de 40 a 45 milhões de toneladas de NPK, contendo 11 a 13 milhões de toneladas de P2O5, serão necessárias apenas para manter no exterior a proporção média de N:P2O5:K2O de 4:2:1. Isto explora ainda mais as necessidades de P dos solos e culturas indianos.

O fósforo (P) é um dos nutrientes vegetais mais essenciais que afectam profundamente o crescimento global das plantas, influenciando vários processos metabólicos fundamentais, como a divisão e o desenvolvimento celular, o transporte de energia, a transdução de sinais, a biossíntese macromolecular, a fotossíntese e a respiração das plantas. A maior parte dos solos indianos tem um teor baixo a médio de P. A capacidade endógena total de N e P2O5 aumentou de 17 000 e 21 000 toneladas em 1950/51 para 12 276 milhões e 5 547 milhões de toneladas em 2004/05. A remoção de P2O5 pode atingir 150 kg/ha/ano (arroz-trigo-couve forrageira), e a absorção anual de 75 a 100 kg de P2O5/ha é bastante comum em culturas de alta intensidade (ou seja, duas a três culturas/ano). A produção de 8 a 12 t de grãos/ha está associada a um consumo de P de 70 a 120 kg de P2O5/ha. A utilização média de fertilizante fosfórico por hectare em arroz, trigo, feijão bóer, amendoim, cana-de-açúcar e algodão é de

24,3 kg/ha, 30,0 kg/ha, 13,3 kg/ha, 39,3 kg/ha, 44,0 kg/ha e 24,3 kg/ha de P2O5, respetivamente (FAI, 2003/04). A remoção anual de fósforo através da absorção pelas culturas foi estimada em 1,27 Mt e registou-se um balanço global positivo de 1,02 Mt de fósforo nos solos agrícolas indianos, pelo que podemos estimar aproximadamente que apenas 0,25 Mt de fósforo, ou 20% do fósforo aplicado, é recuperado nas culturas. O estado de fertilidade do fósforo dos solos do estado de Nagaland é médio (Motsara, 2002).

Os solos ácidos são ricos em ferro e alumínio e, por conseguinte, fixam uma grande quantidade de fosfato aplicado (Panda e Misra, 1984). Por conseguinte, a utilização de uma fonte de P completamente solúvel em água para o cultivo em tais solos não é económica. Também não é viável satisfazer a capacidade de absorção destes solos através da aplicação de fontes de P transformadas. O fosfato de rocha de alta qualidade (P2O5 >30%) é essencial para o fabrico de fertilizantes P.

O fosfato de rocha é formado nos oceanos sob a forma de fosfato de cálcio chamado fosforito. É depositado em camadas extensas que cobrem milhares de quilómetros quadrados. Originalmente, o elemento fósforo é dissolvido das rochas. Parte deste fósforo vai para o solo onde as plantas o absorvem; outra parte é transportada pelos cursos de água para os oceanos. Nos oceanos, o fósforo precipita-se. O fosfato de rocha é uma rocha natural extraída de depósitos ricos em fósforo. A rocha é lavada para eliminar as impurezas da argila e aquecida para remover a humidade. É peletizada para facilitar a aplicação. O RP é a matéria-prima utilizada no fabrico da maior parte dos adubos fosfatados. No seu estado não transformado, o RP não é adequado para aplicação direta, uma vez que o fósforo que contém é insolúvel. Para transformar o fósforo numa forma disponível para as plantas e obter um produto mais concentrado, o RP é processado com ácido sulfúrico e/ou ácido fosfórico.

O tempo de vida estimado das reservas de RP variava entre 60 e 400 anos no mundo. Noutra estimativa, é referido que as reservas mundiais de RP podem esgotar-se nos próximos 70-175 anos (2007). Na Índia, a reserva total de fosfato de rocha é de 260 milhões de toneladas, a maior parte das quais de baixo grau, e as reservas de fosfato recuperáveis são da ordem de 142 Mt (2012). Exceptuando uma estimativa de depósitos de RP de 21,1 Mt que são de alto grau (>30% P2O5), a maioria dos RP indianos são de baixo grau (10-20% P2O5) (2012) e, portanto, não são adequados para uso na indústria de fertilizantes. A restante procura é satisfeita através da importação do Egito, Marrocos, EUA, Jordânia, França e Reino Unido, o que provoca um aumento do preço dos fertilizantes P. Uma vez que o custo da conversão de rocha fosfática de má qualidade em fontes de P solúveis em água é proibitivo, os depósitos indianos de rocha fosfática devem encontrar outras formas de serem utilizados em solos ácidos. A eficácia do fosfato de rocha de baixa reatividade pode ser aumentada por acidulação parcial (Yadav 2006) ou inoculantes microbianos (Qureshi e Narayanasamy 1999) ou ammendas orgânicas (Ravi *et al.* 2001).

Por conseguinte, o presente estudo, intitulado **"Avaliação do fosfato de rocha de Udaipur como fonte de fósforo para a soja (*Glycine max* L. Merrill)"**, foi proposto com os seguintes objectivos

- Examinar o padrão de libertação de fósforo do fosfato de rocha de Udaipur (URP) com ou sem alterações no solo em condições controladas

- Estudar a eficácia da URP com ou sem aditivos no rendimento e na qualidade da soja

CAPÍTULO 2

REVISÃO DA LITERATURA

Foi efectuada uma investigação sistemática sobre o padrão de dissolução do fósforo do fosfato de rocha em solos ácidos e em condições alcalinas. A literatura relacionada com a presente investigação foi revista sob os seguintes títulos.

2.1 Efeito do fosfato de rocha na aplicação direta

Sridhar *et al.* (2000) descobriram que o tratamento com 150% da RP recomendada resultou no maior número de vagens por planta (46,50), comprimento da vagem (3,71 cm), rendimento de grãos e rendimento de palha e concluíram que, para uma maior produtividade da soja, a aplicação de fosfato de rocha a 56,25 kg/ha é o tratamento ótimo na região de Karnataka.

Yusdar e Hanafi (2003) sugeriram que as fontes de RP de Gafsa (GPR), Rhenian fundido (RPR) e Jordanian (JPR) são alternativas para a *Mucuna* e outras culturas de leguminosas.

Misra *et al.* (2002) referiram que os resultados de um estudo de cultura em vaso com arroz como cultura de ensaio revelaram que a aplicação de RP modificados aumentou significativamente o rendimento de matéria seca e a absorção de P pela cultura. Das diferentes RP utilizadas, a RP de Mussoorie e a RP de Jhabua revelaram-se melhores para utilização após modificação.

Sisworo *et al.* (2002) verificaram que a aplicação direta de RP foi capaz de aumentar o crescimento das plantas nas experiências em vasos e a produção de culturas nas experiências de campo e a utilização de^{32}P foi uma boa ferramenta para determinar a eficácia agronómica da RP nas experiências em vasos e de campo.

Akintokun *et al.* (2003) verificaram que as alterações nos valores das fracções de P nos solos eram afectadas significativamente pelo tipo de solo, pela fonte de P e pela taxa de aplicação e concluíram que a aplicação direta de Ogun PR como fonte de P para a soja em solos do sudoeste da Nigéria é viável.

Agarwal *et al.* (2004) verificaram que o PR compactado como fonte de P estava ao mesmo nível que a SSP e era significativamente superior à JPR no que respeita ao rendimento das culturas e à absorção de Ca, S e P pelas culturas. A eficiência agronómica da rocha fosfática compactada foi ligeiramente inferior à da SSP, mas devido ao menor custo de produção, é provável que esta seja uma fonte eficaz de P para os solos ácidos da região.

Akinrinde *et al.* (2005) referiram que o fosfato de rocha de Ogun teve o melhor desempenho tanto na primeira como na segunda experiência, à exceção da SSP na primeira experiência, e que a ordem decrescente de rendimento das culturas na terceira experiência foi Cryst > ORP > SRP e SSP, apesar de não ter havido diferenças significativas.

Akinrinde *et al.* (2007) referiram que as fontes de P causaram diferenças significativas no crescimento das culturas e na produção de biomassa de rebentos, sendo evidente que os fosfatos de rocha moída podem ser aplicados diretamente para aumentar o teor de P dos solos tropicais para um elevado desempenho da soja.

Nwoke *et al.* (2009) observaram que ocorreram grandes diferenças nas taxas de crescimento, nodulação e infeção micorrízica entre os genótipos de soja e que estas estavam relacionadas com as fontes de P. Três genótipos (Tgm 1511, Tgm 1419 e Tgm 1360) aumentaram significativamente a produção de matéria seca de rebentos com a aplicação de PR.

Franzini *et al.* (2009) observaram que a utilização do fósforo da rocha fosfática de Gafsa pelas plantas de milho e soja aumentou quando foi aplicado como superfosfato triplo compactado e mistura de PR de Gafsa e a utilização do fósforo de PR de Gafsa aumenta quando é aplicado juntamente com superfosfato triplo.

Os resultados de Andy e Abdullah (2011) mostraram que a aplicação de RP de Lamongan e Bojonegoro ao ultissolo aumentou o pH do solo em 0,3 e 0,5, o P disponível (Bray 1) em 40,0% e 82,3%, respetivamente, em comparação com o controlo e este resultado indicou que a RP de Lamongan e Bojonegoro pode ser aplicada diretamente como fertilizante P para a soja em solo ácido.

2.2 Efeito do fosfato de rocha com adubos orgânicos

Ravi *et al.* (2001) realizaram uma experiência em Karnataka para selecionar os melhores aditivos orgânicos para ativar o fosfato de rocha de Mussorie (MRP) aplicado à ervilha-de-angola cv. TTB 7 e referiram que o MRP ativado com estrume de vaca + urina resultou na maior absorção de NPK e no aumento do teor de proteínas nas sementes, seguido do MRP ativado com estrume de vaca + urina + PSB.

Os resultados da investigação de Sekhar e Arey (2001) indicam que a combinação PR(34/74) + FYM a todos os níveis aumentou o rendimento de grãos e de palha em relação aos controlos. No caso do trigo, o maior rendimento de palha foi obtido com a combinação PR (34/74) + FYM a 4 toneladas/ha.

Mohan Singh *et al.* (2004) investigaram que a adição de fósforo através de fosfocomposto ou SSP numa base igual de P2O5 aumentou os rendimentos das culturas em 2025% em comparação com o controlo e os rendimentos das culturas confirmaram que o fosfocomposto preparado a partir de UPR substituiu a utilização de fertilizantes químicos dispendiosos como SSP em solos neutros.

Majumdar *et al.* (2007) relataram que o rendimento, a absorção de P, a proteína e o teor de óleo da soja aumentaram significativamente com P sozinho ou com FYM, independentemente das fontes, em relação ao controle e os valores máximos foram registrados com SSP @ 60 kg P2O5 ha^{-1} +FYM, seguido por SSP+RP (1:1) @ 60 kg P2O5 ha^{-1} +FYM.

Shanmugam (2008) observou que entre as diferentes formas de P, SSP registou a maior altura de planta e índice de área foliar, enquanto 33,3% SSP+66,6% MRP enriquecido com FYM+PB registou a maior produção de matéria seca, vagens por planta, peso de vagem, comprimento de vagem, peso de 100 sementes, rendimento de sementes (957 kg/ha) e rendimento equivalente de feijão bóer (1127 kg/ha).

Shinde *et al.* (2009) relataram que, significativamente, o maior rendimento de sementes de 4464,2 kg/ha foi obtido com T3; 100% FTR+estrume de curral a 5 t/ha, e foi a par com T4; 50% FTR+50% N (FYM)+50% P (fosfato de rocha)

(3348,20 kg/ha) e T2; 100% da dose recomendada de fertilizante (3333,32 kg/ha) na soja.

Inayat *et al.* 2011 realizaram um estudo de incubação durante 60 dias em que foi avaliado o MRP para a libertação de P extraível (Olsen) em solo franco-arenoso e registaram que o P de Olsen aumentou substancialmente até 45 dias e aos 60 dias de incubação houve uma diminuição do P extraível e esta diminuição no solo tratado com FYM foi baixa.

Patil *et al.* (2011) descobriram que o efeito de interação do composto 5 t juntamente com RP 200 kg / ha registou um rendimento de grão significativamente mais elevado (2130 kg / ha) e rendimento de lã (3300 kg / ha) sobre outras combinações de tratamento, exceto qualquer um dos adubos orgânicos FYM 5t ou composto 5 t juntamente com 150 a 200 kg RP por ha e combinação de composto @ 5 t / ha com 150 kg RP resultou em maior relação B: C (3,37).

Os estudos de Djuniwati *et al.* (2012) mostraram que a dissolução da rocha fosfática foi afetada pelo tipo de matéria orgânica e pela reação do solo e, na taxa de 5% de matéria orgânica, a dissolução da rocha fosfática foi superior à de P. javanica (26,6%) e C. mucunoides (33,5%), mas na taxa de 1%, o efeito de I. cylindrica, P. javanica e C. mucunoides não foi diferente.

Saroa *et al.* (2012), relataram que o aumento do tempo de incubação aumentou significativamente o teor de P total e de P solúvel em citrato das duas alterações, independentemente do nível de enriquecimento com RPU. O aumento do P total foi maior durante os primeiros 30 dias em comparação com os dias subsequentes de incubação.

Verma *et al.* (2013) relataram que a combinação de P de rocha com composto aumentou a concentração de NaHCO3-Pi e P microbiano em cerca de 30%, sugerindo que o composto aumentou a mobilização de P de rocha.

Mashori *et al.* (2013) relataram que o fosfato de rocha integrado com SSP e estrume agrícola aumentou o crescimento do milho, a matéria seca, o teor de P nas folhas e a absorção e pode ser adaptado como uma estratégia alternativa para obter um melhor rendimento do milho em países pobres em recursos.

Os estudos de Kasifah *et al.* (2014) sobre a solubilização de P de fosfato de rocha indicam que os compostos orgânicos extraídos de resíduos de plantas e composto podem influenciar a dissolução de P de fosfato de rocha e a influência de compostos orgânicos de composto é melhor do que o extrato de composto na melhoria da disponibilidade de P no solo.

Rajput *et al.*, (2014) relataram que foi registada uma melhor disponibilidade de P no solo em URP incubado com tratamentos FYM e FYM+PSB. A aplicação de FYM a 10 t ha^{-1} reduziu a densidade aparente e aumentou os teores de N, P e K disponíveis no solo após o trigo e o milho seguinte.

Meena e Biswas (2014) investigaram que as actividades microbianas máximas foram observadas no tratamento que recebeu 50% da dose recomendada de fertilizante (RDF)+composto enriquecido (com fosfato de rocha) a 5 t ha^{-1} indicando uma melhoria significativa nas propriedades biológicas do solo sob rotação trigo-soja, aumentando assim a fertilidade do solo e a produção agrícola.

2.3 Efeito do fosfato de rocha com inoculantes microbianos

Mohod *et al.* (1989), relataram que a inoculação de arroz com PSB ou VAM juntamente com doses limitadas de fertilizante P aumenta a eficiência do uso do fertilizante.

Gaur (1990) constatou que a introdução de microrganismos solubilizadores de P na rizosfera da cultura e do solo aumenta a disponibilidade de P a partir de fontes insolúveis de fosfato, a dessorção de fosfatos fixos e também aumenta a eficiência dos fertilizantes fosfatados.

Gaur e Sunitha (1999) investigaram que o aumento da produção de grãos com a inoculação de microrganismos solubilizadores de P pode ser devido ao aumento da disponibilidade de P através da solubilização de compostos orgânicos insolúveis e da produção de substâncias que promovem o crescimento das plantas.

Qureshi e Narayanasamy (1999) relataram que o rendimento total de matéria seca, o teor de fósforo e cálcio na porção de rebentos da soja aumentaram com a utilização de fosfato de rocha de baixo grau em conjunto com solubilizadores de fosfato e estrume de quinta, em condições de kharif em inceptisol numa experiência em vaso.

Ammal *et al.* (2000) realizaram uma experiência de incubação em que o fosfato de rocha em diferentes taxas equivalentes de P2O5 kg^{-1} solo foi misturado com solo (100g) e incubado durante 120 dias em copos de plástico, tanto na presença como na ausência de *Phosphobacteriaa* e relataram que a aplicação de *Phosphobacteria* juntamente com RP resultou numa maior dissolução em 60 e 100 malhas de RP.

Os resultados de Dubey (2000) revelaram que a aplicação de fosfato de rocha a 30 kg de P2O5 ha^{-1} com inoculantes simples ou compostos de solubilizadores de fosfato também foi equivalente ao SSP a 30 kg de P2O5 ha^{-1} (sozinho) no que diz respeito ao rendimento de sementes e palha, e absorção de N, P e K (sementes + palha) e entre os inoculantes, o inoculante composto de *P. striata* + *A. awamori* mostrou-se superior ao inoculante simples de *P. striata*.

Biswas e Narayanasamy (2002) referiram que, entre as fontes de fosfato de rocha utilizadas, o fosfato de rocha de Purulia aumentou significativamente o P solúvel em citrato (1,71% P na base material), bem como o teor de P orgânico (0,153% P na base material). O carbono mais elevado da biomassa microbiana (7,85 micro g/g) foi associado ao fosfato de rocha de Mussoorie (4% de P elementar) com *A. awamori*.

Mala (2000) relatou que a aplicação de TSP aumentou o rendimento da soja, mas o aumento do VAMF em fosfato de rocha de Petchabun (RPP) e fosfato de rocha de Kanchanaburi (RPK) foi significativamente maior do que no tratamento com TSP.

Os resultados de Dubey (2001) mostraram que o estado do N residual no solo aumentou em todos os tratamentos em comparação com o N inicial disponível e os resultados indicaram que a aplicação de P isoladamente, bem como com *P. striata,* teve uma influência marcada no estado do P residual.

Ravi e Siddaramappa (2002) relataram que a inoculação de VAM com diferentes fertilizantes de P aumentou a disponibilidade de nutrientes, a absorção e o rendimento de matéria seca da soja em comparação com as fontes de P não inoculadas.

Os resultados da pesquisa de LaxmiNarayana (2005) revelaram que o rendimento de grãos foi significativamente aumentado com a aplicação de fosfato de rocha até 90 kg $P2O5ha^{-1}$ e o mais alto foi registrado com a inoculação de bactérias solubilizadoras de P em combinação com fosfato de rocha @ 60 kg $P2O5ha^{-1}$ que foi conduzido em inceptisol ácido.

Pratibha e Aery (2004) investigaram que PSB+FYM a 2,0 t ha^{-1} mostraram um aumento substancial, em relação ao controlo, nos vários parâmetros (área foliar, peso seco da raiz do rebento, número de sementes da $planta^{-1}$ e peso da semente da $planta^{-1}$

) estudados. Rasal *et al.* (2004) notaram que a dupla inoculação de solubilizador de fosfato (*Sordaria fimicola*) juntamente com oxidante de enxofre (*Aspergillus terreus*) e fontes de fósforo (superfosfato simples e fosfato de rocha) mostraram um aumento significativo na nodulação, no seu peso seco, na produção de vagens e matéria seca e na absorção de fósforo, em comparação com a inoculação/aplicação simples e o controlo.

Kumutha *et al.* (2004) observaram que o fosfato de rocha de Mussoorie com dupla inoculação de *Glomus fasciculatum* e *Rhizobium japonicum* apresentou melhor nodulação, absorção de nutrientes e atividade de fosfatase do que o controlo não inoculado. Assim, os inoculantes microbianos oferecem um vasto leque de possibilidades para uma melhor utilização do fosfato de rocha de Mussoorie.

Nagendra (2005) concluiu que o tratamento que inclui a dose recomendada de fósforo como fosfato de rocha de Mussoorie juntamente com 30 kg de S por ha e inoculação de sementes de solubilizador de P pode ser utilizado como alternativa à dose recomendada de fósforo como fosfato de diamónio devido à libertação lenta e constante de fósforo do fosfato de rocha de Mussoorie.

Qureshi e Narayanasamy (2005) descobriram que a aplicação combinada de solubilizadores de P e fontes de P tinha aumentado o rendimento de matéria seca da mostarda e do trigo. O efeito residual das fontes de P aplicadas à soja melhorou significativamente a absorção de P nos rebentos das culturas de mostarda e trigo em relação ao controlo sem P.

Sharma e Siddaramappa (2008) descobriram que o fosfato de rocha de Mussorie e o fosfato de rocha compactado de Udaipur aumentaram o rendimento em 16,2% cada em soja e a inoculação de fungos VAM aumentou significativamente o rendimento de matéria seca.

Chavan *et al.* (2008) observaram que a aplicação de fósforo através de SSP registou atributos de crescimento, atributos de rendimento, rendimentos de sementes e palha e atributos de qualidade significativamente maiores do que DAP e fosfato de rocha e também registaram que os atributos de crescimento, atributos de rendimento, rendimentos de sementes e palha e atributos de qualidade foram significativamente melhorados pela inoculação de sementes com cultura PSB.

Gupta *et al.* (2012) investigaram que o aumento máximo no comprimento da folha, número total de folhas, peso da casca seca no comprimento da raiz, peso fresco das folhas, peso seco do gel e volume total do gel, foi observado em plantas tratadas com PSB em comparação com plantas não inoculadas.

Govindan *et al.* (2013) relataram que, em condições de cultura em vaso, a bacterização de sementes de lentilha (cv. VL Masoor 507) com as estirpes *de Pseudomonas* psicrotolerantes, quando combinadas com URP como única fonte de fósforo, resultou num aumento significativo da absorção de P pelas plantas, em comparação com a aplicação de fosfato de rocha isoladamente.

Yu Xuan *et al.* (2014) relataram que a inoculação de fosfato de rocha com *Pseudomonas aurantiaca* ou *P. fluorescens* melhorou significativamente a altura da planta, o peso seco do rebento e da raiz, a absorção de fósforo e azoto e a taxa fotossintética líquida de plântulas de nogueira e a aplicação destas duas estirpes de PSB também melhorou a qualidade do solo.

Os resultados experimentais de Adhikari *et al.* (2014) revelaram que *Pseudomonas striata* solubilizou 11,45% do P total após 24 h de incubação a partir de partículas de fosfato de nano-rocha, enquanto 28,95% e 21,19% do P total foi solubilizado por *Aspergillus niger* (pigmentado de preto) e *Aspergillus niger* (pigmentado de verde), respetivamente.

Fankem *et al.* (2015) relataram que o uso de fosfato de rocha combinado com a co-inoculação de cepas bacterianas solubilizadoras de fosfato em solo com baixa fertilidade proporciona uma alternativa sustentável ao uso de fertilizantes industriais tanto para a produção de soja comum quanto para a produção de soja.

Angela *et al.* (2015) verificaram que a eficácia microbiana na dissolução *in vitro* de RP acidulados depende do tipo de RP, da composição do inóculo utilizado e da interação de ambos os factores, tendo os melhores resultados sido obtidos com o RP Nortede Santander e *A. niger* utilizados isoladamente.

2.4 Efeito do fosfato de rocha parcialmente acidulado (PARP)

Os resultados da investigação de Chien e Hammond (1989) mostraram que a eficácia do PAPR no aumento do rendimento em matéria seca e da absorção de P era superior ao rendimento e à absorção obtidos com SSP. O PAPR e o SSP foram igualmente eficazes no aumento do rendimento em matéria seca ou da absorção de P a capacidades de fixação de P de 28% ou 36%, respetivamente, e o PAPR foi considerado mais eficaz do que o SSP em solos com capacidade de fixação de P superior a estes valores.

Sharma e Vyas (2001) verificaram que o efeito residual de PARP e PARP+PSB registou rendimentos de grão significativamente mais elevados do que SSP e URP e que o tratamento com FYM (10 t/ha) também teve um efeito residual significativo na melhoria dos atributos de rendimento e do rendimento do trigo seguinte à soja.

Sharma *et al.* (2002) realizaram uma experiência e verificaram que a eficácia do RP+PSB parcialmente acidulado era semelhante à do superfosfato simples no aumento do rendimento e na acumulação de matéria seca.

Yadav (2003) referiu que a combinação de tratamento de acidulação de pirite RP (1:3) sem FYM deu um rácio máximo de benefício:custo (3,85:1) e concluiu que o URP, inadequado para a indústria de fosfatos, poderia ser utilizado após acidulação parcial da mistura de fosfato de rocha com pirite

Mahendran *et al.* (2005) referiram que o fosfato de rocha preparado com ácido pré-diluído a um nível de acidulação de 60% produziu um teor de P disponível mais elevado e diferentes níveis e métodos de acidulação e doses de P aumentaram significativamente o rendimento de matéria seca da grama verde, a absorção de P, a recuperação de P e o P residual disponível (P de Olsen).

Yadav (2006) referiu que os teores de azoto, fósforo e enxofre disponíveis no solo aumentaram significativamente com a aplicação do PARP em comparação com o URP, exceto no que diz respeito ao potássio disponível, e que o teor de nutrientes das plantas aumentou com o aumento da acidulação.

CAPÍTULO 3

MATERIAIS E MÉTODOS

Para atingir os objectivos, foram realizadas experiências laboratoriais e de campo no laboratório de Química Agrícola e Ciência do Solo, SASRD, e na exploração do projeto de investigação de soja do AICRP, campus de Medziphema, Universidade de Nagaland, durante a *kharif* de 2015, respetivamente. Os pormenores da experiência realizada, os métodos de recolha de amostras de solo e de plantas, os métodos analíticos, etc., são apresentados neste capítulo.

3.1 Local da experiência:

As experiências de laboratório e de campo foram realizadas no laboratório de Química Agrícola e Ciência do Solo, SASRD e na quinta do projeto de investigação sobre soja do AICRP, respetivamente no campus de Medziphema, na Universidade de Nagaland, situada a 25° 45' 43" de latitude norte e 93° 53' 04" de longitude leste, a uma altitude de 310 m acima do nível médio do mar.

3.2 Condições climatéricas:

O clima da exploração experimental representa uma zona climática tropical sub-húmida com elevada humidade relativa, e a precipitação média varia entre 2000 e 2500 mm por ano. A temperatura média varia entre 21 °C e 33 °C durante o verão e raramente desce abaixo dos 8 °C no inverno. Os dados meteorológicos durante o período de investigação são apresentados numa base de intervalos semanais na tabela no1.

Quadro 1: Dados meteorológicos durante o período de inquérito (junho de 2015 - novembro de 2015)

Month	Temperature (°C)		Relative Humidity (%)		Total Rainfall (mm)
	Max.	Min.	Max.	Min.	
June	31.50	24.50	82.00	58.00	188.80
July	31.90	24.80	85.00	59.00	322.90
August	31.50	25.10	83.00	61.00	177.90
September	31.90	24.30	85.00	59.00	232.80
October	31.70	20.80	92.00	63.00	61.30
November	28.20	15.00	93.00	59.00	20.70

Fonte: ICAR Jharnapni, Centro de Nagaland

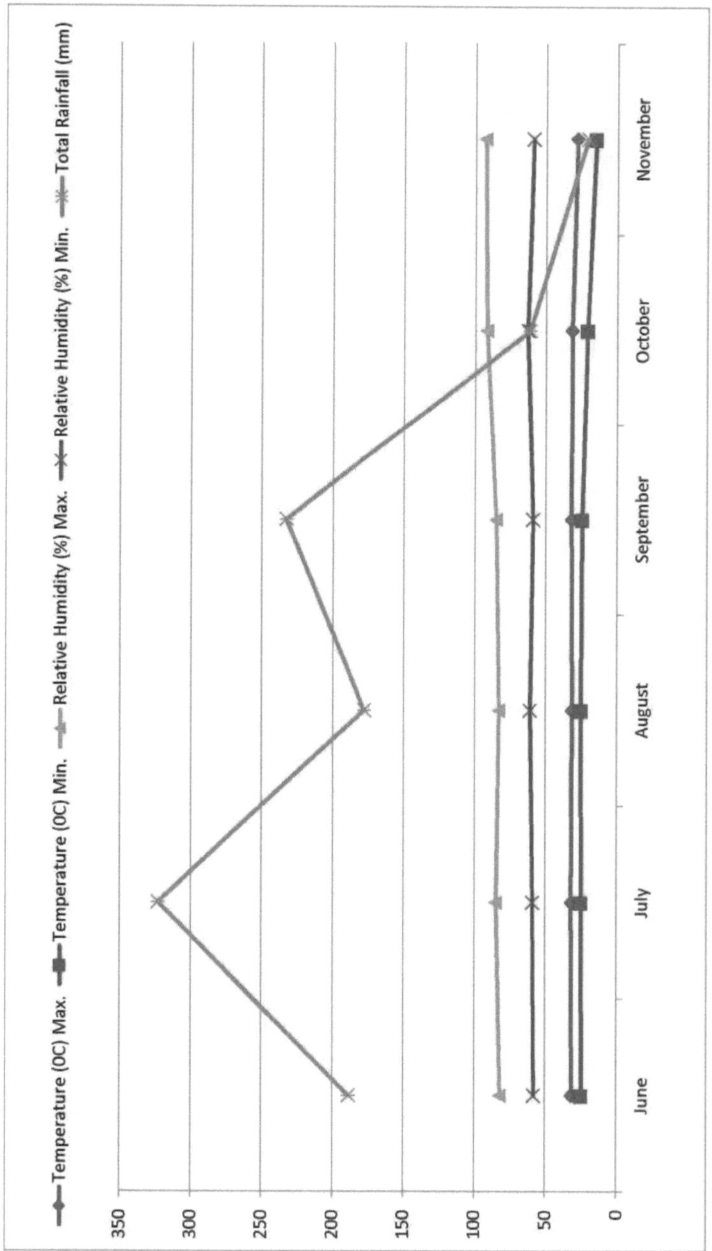

Fig 1: Dados meteorológicos durante o período de inquérito (junho de 2015 - novembro de 2015)

3.3 Condições do solo:

O solo do campo experimental foi classificado como franco-argiloso e bem drenado. A amostra inicial de solo (0-15 cm) foi recolhida em diferentes locais do campo experimental e foi preparada uma amostra composta. A amostra de solo foi analisada em relação a várias propriedades físicas, físico-químicas e químicas de acordo com o procedimento padrão e é apresentada a seguir.

Quadro 2: Estado inicial de fertilidade do solo

Particulars	Values	Methods employed
Soil texture	Clay loam	Hydrometer method (Boyoucos,1936)
pH	4.55	Glass electrode pH meter (Jackson,1973)
EC ($d S m^{-1}$)	0.16	Conductivity meter (Jackson,1973)
Organic carbon (%)	1.54	Walkley & Black's rapid titration method (Walkley and Black,1934)
Available N (kg/ha)	275.91	Alkaline permanganate method (Subbiah and Asija, 1956)
Available P_2O_5 (kg/ha)	9.07	Bray's method (Bray and Kurtz, 1945)
Available K_2O (kg/ha)	180.00	Flame photometer (Jackson,1973)

3.4 PORMENORES DA EXPERIÊNCIA LABORATORIAL

3.4.1 Dissolução de fosfato de rocha

Para examinar o padrão de libertação de fósforo do fosfato de rocha de Udaipur (URP), foi realizada uma experiência de incubação. O solo recolhido foi seco ao ar e peneirado a < 2 mm. As fontes de fósforo, *nomeadamente* o superfosfato simples, o fosfato de rocha de Udaipur e o fosfato de rocha parcialmente acidulado, foram adicionadas a 5000 mg kg^{-1} de solo em copos de plástico de 250 ml contendo 200 g de solo e bem misturadas. O RP foi misturado com FYM à taxa de 10 t ha^{-1} e um bioinoculante *viz*., fosfobactéria à taxa de 2 kg ha^{-1} foi adicionado em tratamentos selecionados. Após uma mistura completa, é adicionada água destilada para levar o teor gravimétrico de água do solo à capacidade de campo. As amostras de solo com diferentes tratamentos em triplicado foram mantidas separadamente. O teor de humidade foi mantido durante todo o período experimental, corrigindo periodicamente a perda de água.

3.4.2 Detalhes do tratamento:

1. Controlo
2. Superfosfato simples (SSP)
3. Fosfato de rocha de Udaipur (URP)
4. Fosfato de rocha parcialmente acidulado (PARP) (50% de acidulação)
5. Microrganismos solubilizadores de fósforo (PSM) (*Bacillus polymyxa*)
6. 50% SSP + 50% URP
7. 50% SSP +50% PARP
8. SSP + PSM
9. URP + PSM
10. PARP +PSM
11. 50% SSP + 50% URP + PSM
12. 50% SSP +50% PARP + PSM
13. URP + estrume de quintal (FYM)
14. PARP + FYM

As amostras de solo incubadas foram retiradas de cada copo ao fim de 15, 30, 60 e 90 dias e foram analisadas quanto ao P disponível pelo método de Bray e Kurtz, (1945) para medir a extensão da dissolução, para além de medir o pH.

3.5 PORMENORES DA EXPERIÊNCIA DE CAMPO

3.5.1 Conceção experimental:

O ensaio experimental de campo foi desenhado em blocos aleatórios com onze tratamentos e três repetições na variedade de soja (JS 97-52). Todo o campo experimental foi dividido em três blocos iguais e cada bloco foi novamente dividido em onze parcelas de tamanho igual, medindo 1,25 m x 1,0 m, a fim de acomodar os tratamentos. No total, havia 33 parcelas. Os tratamentos foram distribuídos aleatoriamente dentro das parcelas de cada bloco.

Plano de conceção e disposição

Cultura	: Soja (*Glycine max.* L. Merrill)
Desenho da experiência	: Desenho de blocos aleatórios (RBD)
Número de réplicas	: 3
Número de tratamentos	: 11
Número total de parcelas	: 33
Dimensão da parcela	: 1,25 m × 1,0 m
Espaçamento	
Planta a planta	: 10 cm
Linha a linha	: 45 cm
Limite do campo	: 1 m
Sistema de cultivo	: Pluvial

3.5.2 Detalhes do tratamento:

1. Controlo absoluto
2. Microrganismos solubilizadores de fósforo (PSM) (*Bacillus polymyxa*)
3. Fosfato de rocha de Udaipur (URP)
4. Fosfato de rocha parcialmente acidulado (PARP) (50% de acidulação)
5. Superfosfato simples (SSP)
6. 50% SSP + 50% URP
7. 50% SSP +50% PARP
8. URP + PSM
9. PARP +PSM
10. URP + estrume de quintal (FYM)
11. PARP + FYM

1.1.3 Seleção e preparação do terreno

Para investigar o efeito da URP, com ou sem aditivos, no rendimento e na qualidade da soja, foi selecionado um local adequado na quinta do projeto de investigação de soja AICRP, SASRD, Universidade de Nagaland, Medziphema, com fertilidade e topografia uniformes. O campo foi preparado por lavoura com charrua de aiveca puxada por trator em meados de junho, seguida de gradagem. Antes da realização da experiência, procedeu-se à quebra de grandes torrões e ao nivelamento para obter uma pulverização completa e para arrancar as ervas daninhas e restolhos restantes. Em seguida, o campo foi nivelado e, por fim, disposto de acordo com o plano de implantação.

Fig 1.1 Esquema do campo experimental

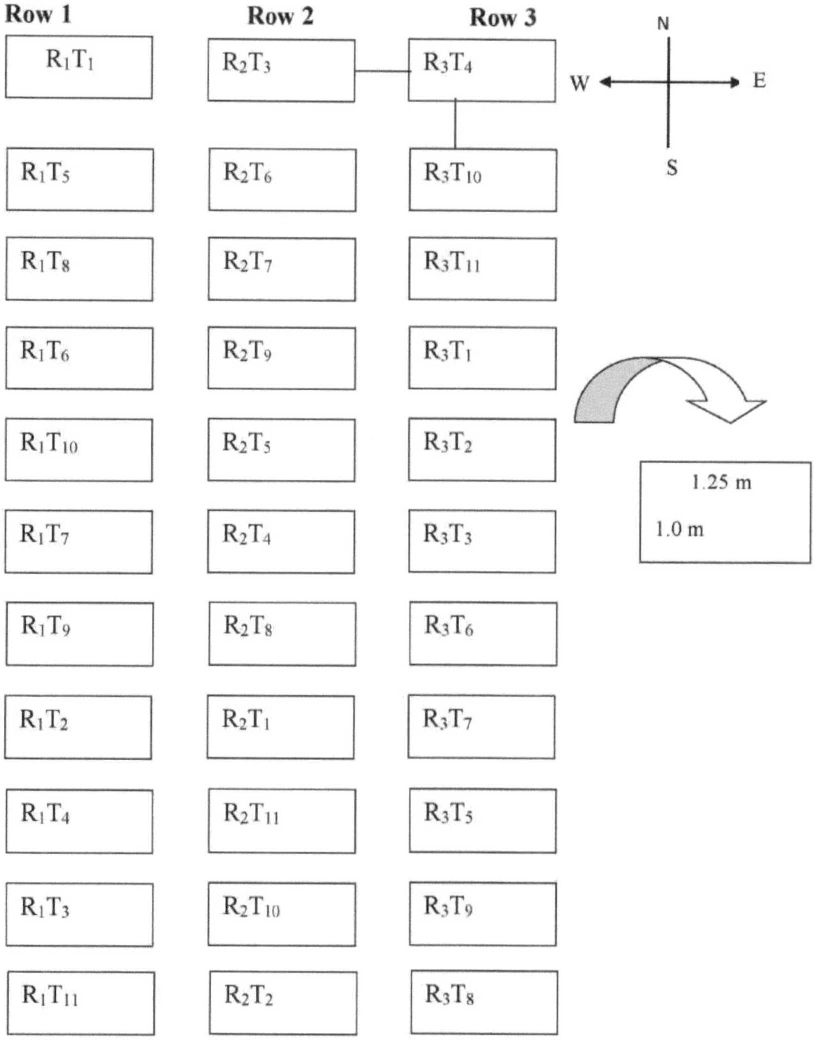

3.5.4 Variedade de cultura

A variedade de cultura utilizada foi a JS 97-52.

3.5.5 Aplicação de estrume e fertilizantes

Uma dose comum de azoto de 20 kg ha^{-1} foi aplicada sob a forma de ureia após

25 dias de sementeira, o potássio foi aplicado à taxa de 40 kg K_2O ha^{-1} sob a forma de muriato de potássio no basal.

O fósforo foi aplicado através de diferentes fertilizantes fosfatados, ou *seja*, super fosfato simples, fosfato de rocha de Udaipur (18% P_2O_5), fosfato de rocha parcialmente acidulado (18% P_2O_5) (50% de acidulação), fosfato de rocha de Udaipur com estrume de quintal (5 toneladas ha^{-1}) e fosfato de rocha de Udaipur com microrganismos solubilizadores de fósforo a 60 kg P2O5 ha^{-1} antes da sementeira nas respectivas parcelas. As sementes foram tratadas com microrganismos solubilizadores de fósforo (*Bacillus polymyxa*) a 200 g por 10 kg de sementes imediatamente antes da sementeira, nas respectivas parcelas de tratamento, exceto na parcela de controlo absoluto.

A rocha fosfática parcialmente acidulada foi preparada misturando 160 ml de H2SO4 para 1 kg de rocha fosfática, que foi calculada com base na seguinte equação

$$Ca_{10}(PO_4)_6F_2 + 6H_2SO_4 \longrightarrow 10Ca + 6\,H_2PO_4 + 2\,F^-$$

Massa molecular de RP=1008 g
Massa molecular do H_2SO_4 =98 g
Peso de ácido sulfúrico necessário=98 x 6= 588 g.
Para acidular totalmente o RP= 588 g de H_2SO_4
Para uma acidulação de 50 %=294g de H_2SO_4
Gravidade específica do H_2SO_4 =1 .84
Volume de H2SO4 necessário=294/ 1,84 = 160 ml.
Para 50 por cento de acidulação=160ml de H2SO4 kg^{-1} de RP.

As amostras de fosfato de rocha são tratadas com ácido sulfúrico (H_2SO_4) de concentração conhecida e agitadas vigorosamente durante 30 minutos nos copos. A pasta resultante é deixada em repouso durante 6 horas e depois transferida para os pratos de porcelana para cura. Durante o período de cura, o produto acidulado transforma-se gradualmente num pó seco.

1.1.6 Taxa de sementes e sementeira

A soja (var. JS 97-52) foi semeada em 28th junho de 2015. A semeadura foi feita manualmente, colocando as sementes no sulco de 2-3 cm de profundidade e mantendo 10 cm de planta para planta e 45 cm de espaçamento entre linhas. O pó de malatião @

8 g por parcela^{-1} foi aplicado para controlar térmitas, formigas e vermes.

1.1.7 Cuidados posteriores

Para manter uma população uniforme de plantas, o desbaste e o preenchimento de lacunas foram efectuados de tempos a tempos. A monda manual foi efectuada primeiro aos 20 DAS e depois com um intervalo de 15 dias.

1.1.8 Colheita e debulha

A colheita foi feita em 24th setembro de 2015 e nos dias seguintes em intervalos regulares, dependendo do nível de maturidade das vagens. A cultura foi colhida ao nível do solo e os feixes da cultura colhida foram secos ao sol, debulhados e limpos manualmente. As sementes e a palha foram medidas separadamente em kg por parcela^{-1} e depois convertidas em q ha^{-1} .

3.6 Observações registadas para os atributos de rendimento

As cinco plantas foram selecionadas aleatoriamente e marcadas para observar os atributos de crescimento e foram utilizadas para registar a observação dos seguintes componentes de rendimento, tendo sido calculados os dados médios.

3.6.1 Número de vagens da planta^{-1}

O número total de plantas com vagens^{-1} das cinco plantas marcadas foi contado manualmente em cada tratamento. A média foi calculada e expressa em número de plantas de vagens^{-1} .

3.6.2 Número de vagens cheias planta^{-1}

O número total de plantas com vagens cheias^{-1} foi retirado de cinco plantas marcadas e foi registada a média de plantas com vagens cheias^{-1} de cinco plantas marcadas.

3.6.3 Número de sementes por vagem^{-1}

O número de vagens com sementes^{-1} foi contado a partir das vagens de cinco plantas marcadas em cada tratamento e o número médio de vagens com sementes^{-1} foi registado.

3.6.4 Rendimento das sementes (q ha)$^{-1}$

O rendimento das sementes de todas as parcelas foi recolhido com base nos tratamentos e o rendimento de cada tratamento foi registado em kg ha^{-1} e convertido em q ha^{-1} .

3.6.5 Rendimento do caule (q ha)$^{-1}$

Após a separação das sementes, o peso da biomassa da cultura debulhada foi pesado separadamente para cada parcela da rede e expresso em q ha^{-1} .

3.6.6 Teor de proteínas das sementes (%)

O teor de proteínas nas sementes foi calculado pela fórmula:
% de proteína = 6,25 x N% na semente

3.6.7 Teor de óleo de sementes (%)

A percentagem de óleo foi estimada por extração Soxhlet, tal como descrito por Chopra e Kanwar (1999).

3.7 Amostragem de plantas

Após a debulha, as sementes e o caule foram separados, secos ao ar e, finalmente, secos em estufa a uma temperatura de 60 a 70 °C até atingirem um peso constante. As amostras de sementes e de palha secas foram depois trituradas num moinho e conservadas em sacos de polietileno para análise química.

3.8 Amostragem do solo

As amostras de solo à superfície (0-15 cm) foram recolhidas do campo experimental após a colheita da cultura. As amostras foram secas ao ar, finamente moídas e peneiradas através de um crivo de 2 mm, sendo depois guardadas em sacos de polietileno com a devida rotulagem para análise.

3.9 Análise do solo

3.9.1 Azoto disponível

O azoto disponível foi estimado pelo método do permanganato de potássio alcalino indicado por Subbiah e Asija (1956) e o resultado foi calculado em termos de percentagem.

3.9.2 Fósforo disponível

O fósforo disponível foi extraído com 0,03 NH_4F em soluções de 0,025 HCl. Este procedimento destina-se principalmente a solos com pH moderado a fortemente ácido, cerca de 5,5 ou menos (Bray e Kurtz, 1945). O teor de fósforo do extrato de solo foi então determinado por método colorimétrico.

3.9.3 Potássio disponível

O potássio disponível foi extraído de 5 g de solo por agitação com 25 ml de solução neutra de acetato de amónio (pH 7) durante meia hora num agitador mecânico e filtrado através de papel de filtro Whatman n.º 1. 1 e a concentração de potássio no extrato foi determinada por fotómetro de chama (Jackson,1973).

3.10 Análise das instalações

As amostras de sementes e de palha foram recolhidas separadamente após a debulha de cada parcela e secas em estufa. As amostras secas em estufa foram moídas até se tornarem pó e analisadas quanto ao teor de P.

3.10.1 Fósforo (P)

O fósforo total foi determinado pelo método de lavagem húmida. As amostras de palha e de sementes foram digeridas separadamente por uma mistura de diácidos, isto é, (HNO3 : HCl4 :: 3 : 1) (Baruah e Barthakur, 1999). O fósforo total nas amostras de palha e de sementes foi determinado colorimetricamente utilizando o método de cor amarela do vanado-molibdato, conforme descrito por Jackson (1973).

3.10.2 Absorção de nutrientes

A absorção de nutrientes (P) foi calculada a partir da concentração de nutrientes no caule e nas sementes e com o rendimento apresentado como absorção total (kg ha^{-1}).

3.10.3 Eficiência na utilização de fósforo (PUE)

A eficiência da utilização de fósforo (PUE) foi calculada pela seguinte fórmula:

$$\text{PUE} = \frac{\text{Uptake of P in P treated plot} - \text{Uptake of P in control plot}}{\text{Amount of P added}} \times 100$$

3.11 . Análise dos dados

Os dados da experiência registados durante o curso da investigação para todos os parâmetros foram analisados estatisticamente aplicando as técnicas de análise de variância descritas por Cochran e Cox (1957). A significância das diferentes fontes de variação foi testada pelo teste '*F*' (Cochran & Cox, 1957).

Placa 1: Vista geral da quinta experimental

Placa 2: Vista geral da experiência de incubação

CAPÍTULO 4

RESULTADOS E DEBATES

A presente investigação, intitulada "Avaliação do fosfato de rocha de Udaipur como fonte de fósforo para a soja (*Glycine max* L. Merrill)", foi realizada em duas experiências, *nomeadamente* no laboratório da Escola de Ciências Agrícolas e Desenvolvimento Rural da Universidade de Nagaland e na exploração do projeto de investigação de soja do AICRP, Medziphema, Nagaland, no período de junho a novembro de 2015, situada a 25°45' 43" de latitude N e 93° 53' 04" de longitude E, a uma altitude de 310 m acima do nível médio do mar. Os resultados experimentais baseados nas observações registadas durante o curso da investigação em várias fases foram examinados criticamente, analisados estatisticamente e apresentados neste capítulo com os seguintes títulos.

I. Experiência laboratorial

4.1 P disponível (mg kg $)^{-1}$

As amostras de solo incubadas com diferentes fontes de fósforo com ou sem FYM e PSM foram analisadas quanto ao P disponível em diferentes intervalos (15, 30, 60 e 90 dias) do período de incubação para conhecer o padrão de libertação de P pelo método de extração de Bray e analisadas estatisticamente. Os resultados obtidos mostraram diferença significativa entre os tratamentos que foram tabulados na tabela 3. O P disponível aumentou a partir da data de incubação e o aumento foi diminuindo gradualmente à medida que o período de incubação avançava. Os valores mais elevados de P disponível aos 15, 30, 60 e 90 dias foram registados nos tratamentos que receberam PARP + FYM $_{T14}$ (24,68, 42,91, 57,06 e 64,15 mg kg^{-1} respetivamente) seguidos de PARP + PSM $_{T13}$ (23,21, 41,51, 56,14 e 63,52 mg kg^{-1} respetivamente) e o mais baixo foi registado no controlo $_{T1}$ (1,77, 2,24, 2,71 e 3,12 mg kg^{-1} respetivamente).

O aumento do P disponível nos tratamentos que receberam FYM pode ser a razão pela qual a produção de ácidos orgânicos durante a decomposição da matéria orgânica aumenta a dissolução do fosfato de rocha. Estes resultados estão em concordância com Bolan e Headley (1989), Bagavathi Ammal (1999), Saroa *et al.* (2012), Abarna (2012) e Unnikrishnan (2015). Nos tratamentos que receberam PSM pode ser devido à produção de ácidos orgânicos por PSMs, tais ácidos orgânicos podem dissolver diretamente o fosfato mineral como resultado da troca aniónica de PO_4^{2-} por anião ácido ou podem quelar iões de ferro e alumínio associados ao fosfato (Omar, 1998).

Tabela 3: Efeito de diferentes fontes de fósforo com ou sem FYM e PSM no P disponível em diferentes dias do período de incubação

Treatments	**15 days**	**30 days**	**60 days**	**90 days**
T_1	2.05	2.54	2.82	3.05
T_2	15.65	32.68	46.82	51.23
T_3	18.52	35.92	48.58	56.00
T_4	20.01	38.41	51.63	59.78
T_5	2.45	3.16	3.54	3.86
T_6	17.11	33.98	48.57	53.11
T_7	17.51	34.48	49.10	54.00
T_8	18.16	35.05	49.95	54.95
T_9	20.26	38.84	52.18	60.21
T_{10}	23.21	41.51	56.14	63.52
T_{11}	18.95	36.48	49.24	57.24
T_{12}	19.29	37.00	50.00	58.13
T_{13}	22.12	40.12	54.82	62.17
T_{14}	24.68	42.91	57.06	64.15
SEm±	0.21	0.25	0.22	0.20
CD (P=0.05)	0.71	0.83	0.73	0.68

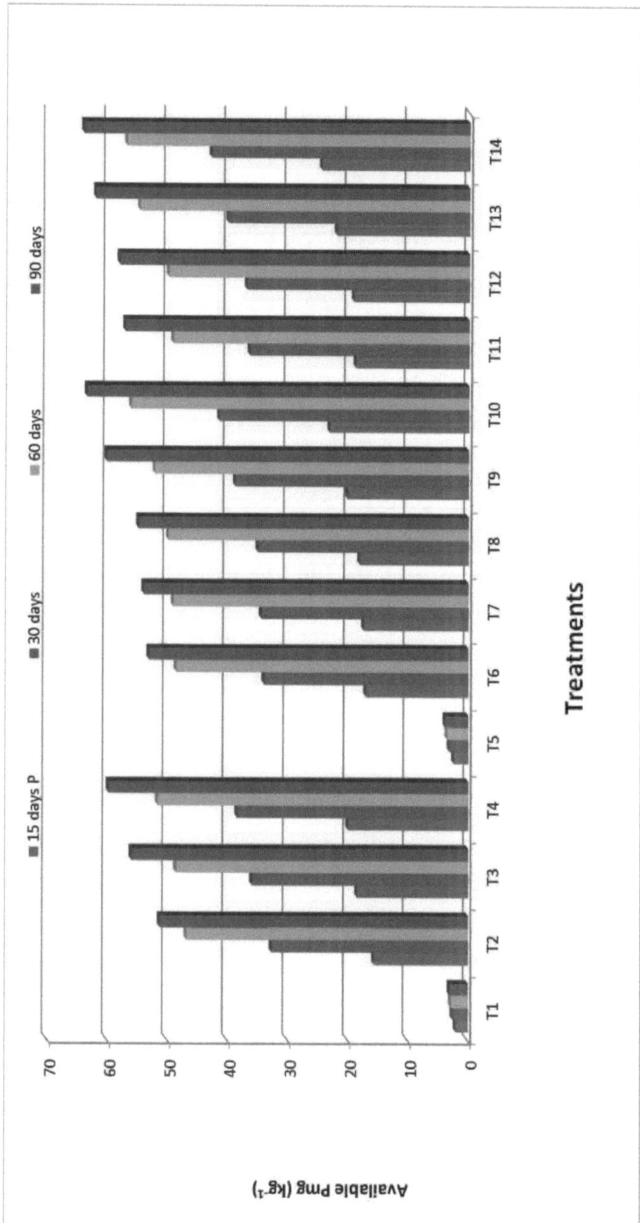

Fig 2: Efeito de diferentes fontes de fósforo com ou sem FYM e PSM no P disponível em diferentes dias do período de incubação

4. 2 pH do solo

Os valores de pH da experiência de incubação são apresentados no quadro 4. Houve um declínio no pH do solo à medida que os dias do período de incubação avançavam. O pH foi reduzido e a maior redução foi observada nos tratamentos que receberam PSM e FYM *viz*, PARP + FYM seguido por URP + FYM e o valor mais alto foi observado no tratamento que recebeu URP seguido por PARP.

Aos 15, 30, 60 e 90 dias, os valores mais elevados de pH foram registados no tratamento que recebeu URP, ou seja, T3 (4,65, 4,75, 4,95 e 5,06), seguido de PARP, ou seja, T4 (4,63, 4,76, 4,91 e 5.02 respetivamente) e os valores mais baixos foram registados nos tratamentos que receberam PSM T5 (4.52, 4.45, 4.32 e 4.23) seguidos por FYM *i.e.* PARP + FYM $_{T14}$ (4.5, 4.47, 4.41 e 4.32 respetivamente). O declínio do pH do solo no tratamento que recebeu PSM pode ser devido à produção de ácidos orgânicos pelos microrganismos solubilizadores de fosfato (Gaind e Gaur 1989) e no tratamento que recebeu FYM pode ser devido à libertação de ácidos orgânicos durante a decomposição da matéria orgânica foi relatado por (Abarna 2012) e a quantidade de bases libertadas por uma determinada quantidade poderia contribuir para a mudança no pH. A menor alteração no valor do pH foi observada no tratamento de controlo, o que pode ser devido à falta de fornecimento de protões, como observado por (Unnikrishnan 2015).

O aumento do pH nos tratamentos que receberam RP e SSP pode dever-se ao facto de o RP conter CaCO3 livre e CO3 estrutural que, ao dissolver-se, consome a acidez do solo. Além disso, quando o RP se dissolve, consome 2 moles de H^+ por cada mol de P dissolvido, pelo que é teoricamente possível que a aplicação de RP possa diminuir ou evitar a acidificação do solo (Chein, 1977; Hammond, 1979; Easterwood *et al.* 1989; Wright *et al.* 1991; Sinclair *et al.* 1993).

Tabela 4: Efeito de diferentes fontes de fósforo com ou sem FYM e PSM no pH do solo em diferentes dias do período de incubação

Treatments	15 Days	30 days	60 days	90 days
T_1	4.54	4.52	4.51	4.50
T_2	4.62	4.74	4.89	5.00
T_3	4.65	4.75	4.94	5.06
T_4	4.63	4.76	4.91	5.02
T_5	4.52	4.45	4.32	4.23
T_6	4.60	4.71	4.86	4.95
T_7	4.58	4.68	4.83	4.92
T_8	4.53	4.50	4.46	4.39
T_9	4.54	4.52	4.47	4.41
T_{10}	4.51	4.49	4.45	4.37
T_{11}	4.58	4.69	4.84	4.93
T_{12}	4.57	4.66	4.81	4.90
T_{13}	4.52	4.48	4.44	4.35
T_{14}	4.50	4.47	4.41	4.32
SEm±	0.06	0.03	0.03	0.02
CD (P=0.05)	NS	0.12	0.11	0.08

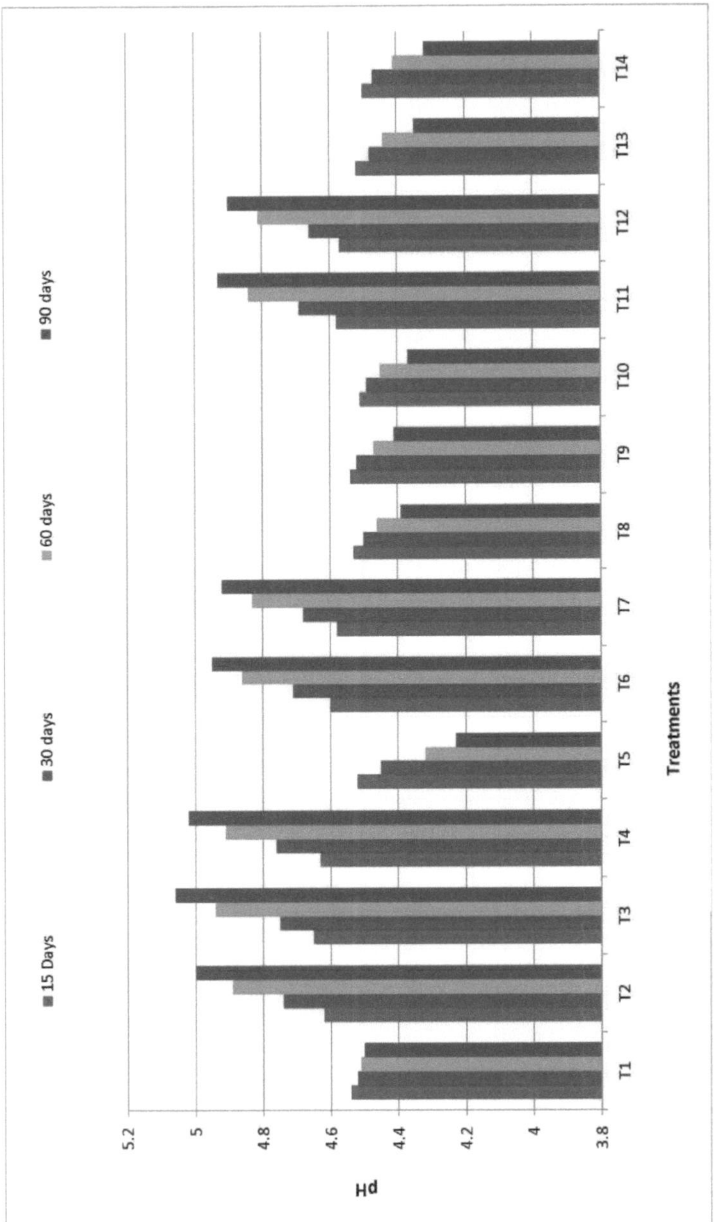

Fig 3: Efeito de diferentes fontes de fósforo com ou sem FYM e PSM no pH do solo em diferentes dias do período de incubação

II. Experiência de campo

4.3 Rendimento e atributos do rendimento

4.3.1 Número de vagens de sementes^{-1}

Os resultados obtidos em relação ao número de vagens de sementes^{-1} são apresentados na tabela 5. Verificou-se que a aplicação de PARP com FYM, *ou seja,* o tratamento T_{11} registou o número máximo de vagens com sementes^{-1} (2,91), seguido de PARP com PSM T_9 (2,84) e o mínimo foi registado com o controlo (2,42). Os resultados do número de vagens de sementes^{-1} foram considerados não significativos.

4.3.2 Número de vagens da planta^{-1}

A aplicação de diferentes fontes de fósforo com ou sem FYM e PSM aumentou significativamente o número de vagens da planta^{-1} que foi apresentado na tabela5. O número máximo de plantas de vagens^{-1} foi registado no tratamento T_{11} aplicado com PARP + FYM *i.e.* (82.13) seguido de PARP + PSM T9 (80.92) e o mínimo foi registado com o controlo (65.01).

A planta máxima de vagens^{-1} foi registada no tratamento com FYM, o que estava de acordo com os resultados da investigação (Shanmugam 2008).

4.3.3 Número de vagens cheias planta^{-1}

A partir da tabela 5, verificou-se que houve uma diferença significativa entre os tratamentos que foram aplicados com diferentes fontes de fósforo com ou sem FYM e PSM. O maior número de vagens cheias^{-1} foi registado com o tratamento T_{11} aplicado com PARP + FYM *i.e.* (68.11) seguido de PARP + PSM T9 (66.21) e o menor foi registado com o controlo (47.56).

Tabela 5: Efeito de diferentes fontes de fósforo com ou sem FYM e PSM nos atributos de rendimento

Treatments	No. of seeds pod^{-1}	No. of pods $plant^{-1}$	No. of filled pods $plant^{-1}$
T_1	2.42	65.01	47.56
T_2	2.52	67.21	49.76
T_3	2.60	75.65	60.13
T_4	2.71	76.96	61.65
T_5	2.62	69.25	52.10
T_6	2.64	71.13	55.31
T_7	2.68	73.55	57.26
T_8	2.72	78.56	63.15
T_9	2.84	80.92	66.21
T_{10}	2.78	80.13	65.01
T_{11}	2.91	82.13	68.11
SEm±	0.12	0.18	0.12
CD (P=0.05)	NS	0.37	0.36

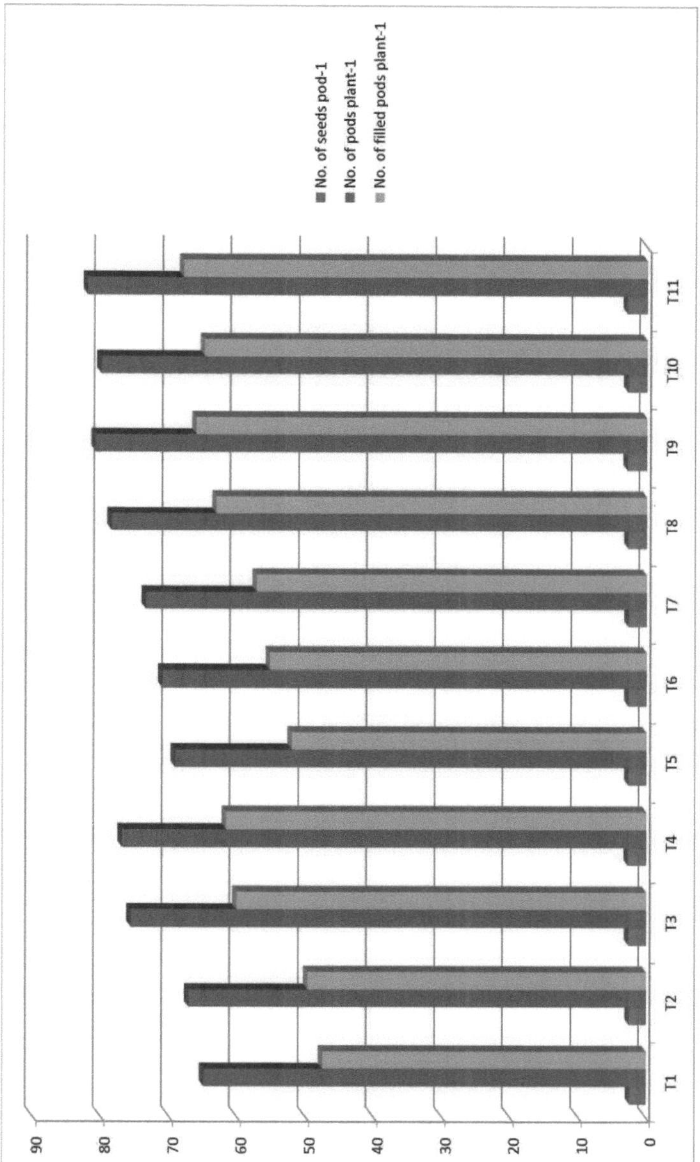

Fig 4: Efeito de diferentes fontes de fósforo com ou sem FYM e PSM nos atributos de rendimento

4.3.4 Rendimento das sementes (q ha)$^{-1}$

Os dados obtidos no campo foram apresentados no quadro 6. Os dados revelaram que houve diferença significativa entre os tratamentos. O maior rendimento de sementes foi registado com o tratamento T∏ que foi com PARP + FYM *i.e.* (22.25 q ha^{-1}), o mais baixo foi registado com o controlo (10.63 q ha^{-1}) e o tratamento T9 que foi com PARP +PSM *i.e.* (21.58 q ha^{-1}), encontrado para ser a par com o tratamento T11.

O aumento da produção de sementes no tratamento com FYM pode ser a razão do aumento da disponibilidade de P através do FYM, pois além de atuar como uma fonte de nutrientes, também ajuda a complexar Fe e Al em solo ácido, reduzindo assim a capacidade de fixação de P (Tisdale *et al.* 1990), estes resultados estão de acordo com (Majumdar *et al.* 2007; Shinde *et al.* 2009).

4.3.5 Rendimento do caule (q ha)$^{-1}$

A aplicação de diferentes fontes de fósforo, com ou sem FYM e PSM, aumentou significativamente o rendimento do caule, que foi apresentado na tabela 6. O maior rendimento de palha foi registado no tratamento T11, com PARP + FYM (28,67 q ha^{-1}), o menor foi registado no controlo (13,05 q ha^{-1}) e no tratamento T9 , com PARP + PSM (28,49 q ha^{-1}), que se verificou ser igual ao tratamento T11.

O aumento do rendimento do caule no tratamento com PARP pode dever-se a uma maior quantidade de P disponível no material, tal como referido por (Mahendran *et al.* 2005 em grama verde). O aumento do rendimento do caule sob FYM pode ser devido à disponibilidade contínua de P que ajudou na proliferação do desenvolvimento da raiz e, portanto, melhor aquisição de nutrientes e acumulação de biomassa. Os resultados estão de acordo com (Deshpande *et al.* 2015; Sekhar e Arey 2001) no grão-de-bico.

Tabela 6: Efeito de diferentes fontes de fósforo, com ou sem FYM e PSM, na produção de sementes e de palha

Treatments	Seed yield (q ha^{-1})	Stover yield (q ha^{-1})
T_1	10.63	13.05
T_2	11.92	14.34
T_3	16.92	22.74
T_4	18.33	24.83
T_5	13.54	15.66
T_6	14.41	17.68
T_7	15.23	20.34
T_8	20.22	26.50
T_9	21.58	28.49
T_{10}	21.04	27.56
T_{11}	22.25	28.67
SEm±	0.37	0.34
CD (P=0.05)	1.10	1.01

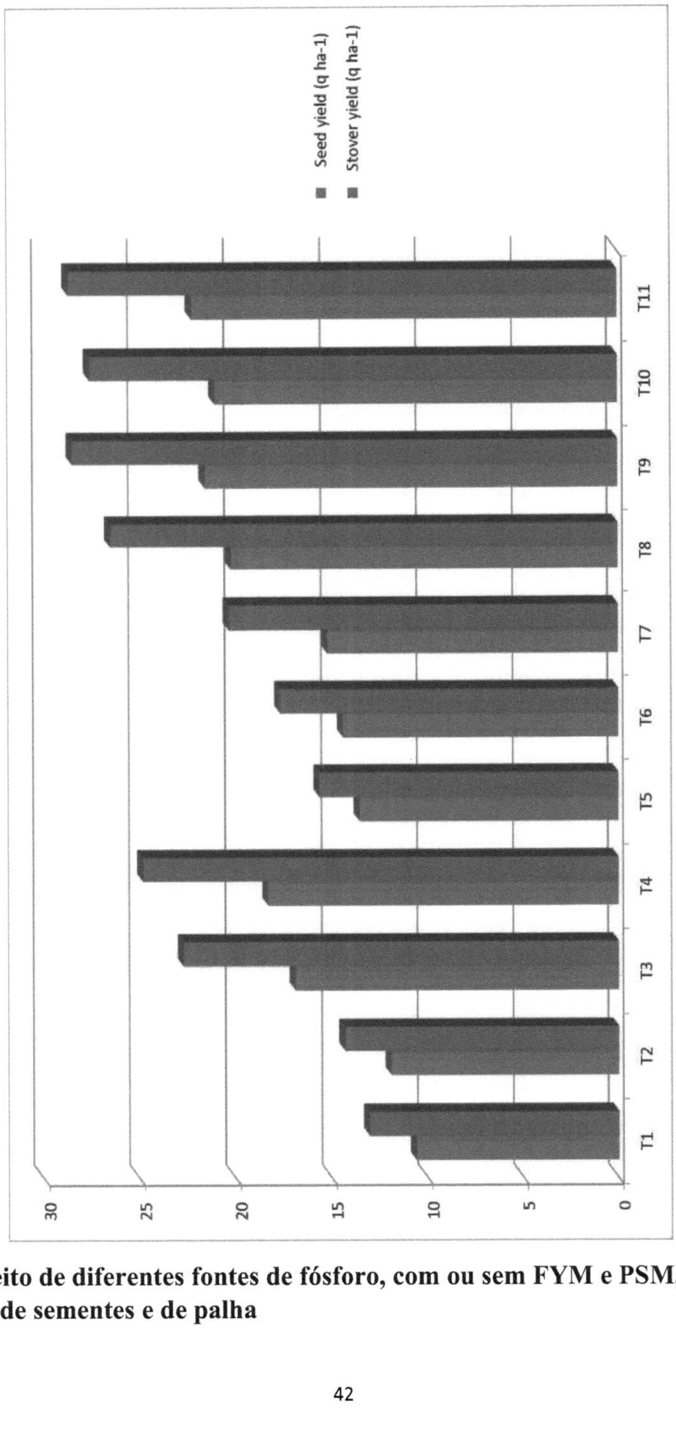

Fig. 5: Efeito de diferentes fontes de fósforo, com ou sem FYM e PSM, na produção de sementes e de palha

4.3.6 Teor de proteínas (%)

O teor de proteína da semente foi significativamente influenciado pelas diferentes fontes de fósforo com ou sem FYM e PSM que foram apresentados na tabela 7. O maior teor de proteínas da semente foi registado no tratamento com PARP + FYM T_{11} , *ou seja,* 45,38 %, seguido pelo tratamento T9 PARP + PSM (45,30 %), que foi igual ao tratamento T_{11} PARP + FYM e o menor foi registado pelo tratamento de controlo (39,52 %).

O aumento do teor de proteínas no tratamento com FYM pode dever-se ao facto de a maior absorção de N resultar do aumento da nodulação e da fixação de N pelos nódulos (Agrawal e Mishra 1994) e os mesmos resultados sobre o teor de proteínas foram relatados por (Ravi *et al.* 2001 em ervilha-de-angola).

4.3.7 Teor de óleo de sementes (%)

A partir da tabela 7, observou-se que o conteúdo de óleo da semente foi registado no máximo com o tratamento PARP + FYM T_{11} *i.e.* (20.75 %), seguido pelo tratamento T9 PARP + PSM (20.41 %) que estava a par com o T_{11} PARP + FYM e o mais baixo foi registado pelo tratamento controlo (15.7 %). Os tratamentos registaram uma variação significativa.

O aumento do teor de óleo com a aplicação de P pode dever-se ao facto de o P ajudar na síntese de ácidos gordos e na sua esterificação, acelerando a reação bioquímica no ciclo do glicoxalato (Dwivedi e Bapat 1998). Estes resultados estão em concordância com (Majumdar *et al.* 2007).

Tabela 7: Efeito de diferentes fontes de fósforo com ou sem FYM e PSM no teor de proteína e óleo das sementes

Treatments	Protein content (%)	Oil content (%)
T_1	39.52	15.70
T_2	41.13	16.12
T_3	43.42	18.51
T_4	44.07	19.05
T_5	41.98	16.91
T_6	42.53	17.46
T_7	43.01	18.05
T_8	44.64	19.64
T_9	45.30	20.41
T_{10}	45.01	20.01
T_{11}	45.38	20.75
SEm±	0.35	0.17
CD (P=0.05)	1.05	0.52

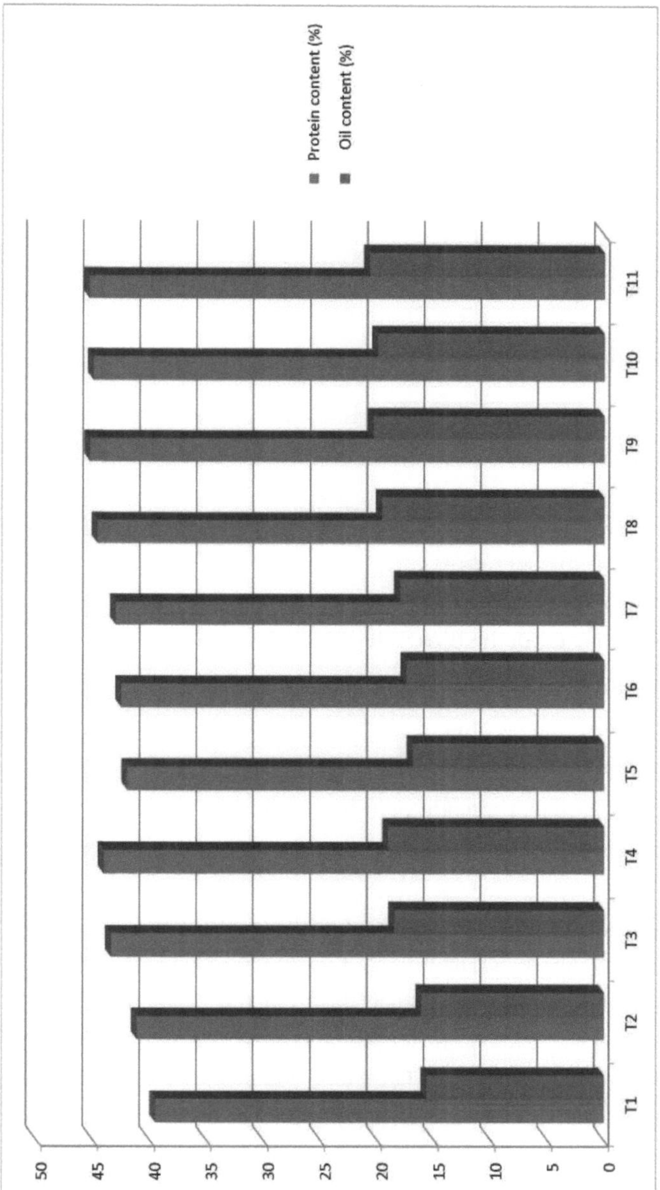

Fig. 6: Efeito de diferentes fontes de fósforo com ou sem FYM e PSM no teor de proteína e óleo das sementes

4.4 Absorção de fósforo pela cultura da soja (kg ha)$^{-1}$

4.4.1 Absorção de fósforo pelas sementes (kg ha)$^{-1}$

O resultado da análise estatística mostrou que a absorção de fósforo pela semente foi maior no tratamento que recebeu PARP + FYM T_{11} (12.12 kg ha^{-1}) seguido por T9 PARP + PSM *i.e.* (11.21 kg ha^{-1}) e o mais baixo foi no controlo (6.51 kg ha^{-1}) da tabela 8. As diferentes fontes de fósforo com ou sem FYM e PSM afectaram significativamente a absorção de fósforo pelas sementes.

4.4.2 Absorção de fósforo pelo feno (kg ha)$^{-1}$

Os dados de absorção de fósforo pelo caule, apresentados no quadro 8, revelam que, entre as diferentes fontes de fósforo, com ou sem FYM e PSM, a mais elevada foi registada com PARP + FYM T_{11} (9,12 kg ha^{-1}), seguida de (T_9) PARP + PSM (8,82 kg ha^{-1}), que foi igual ao tratamento T_{11} e a mais baixa foi registada no controlo (3,11 kg ha^{-1}). Verificou-se que os tratamentos variam significativamente entre si.

4.4.3 Absorção total de fósforo pela cultura (kg ha)$^{-1}$

A absorção total de fósforo pela cultura foi significativamente influenciada pelas diferentes fontes de fósforo com ou sem FYM e PSM. A partir dos dados apresentados na tabela 8, notou-se que o maior foi registado no tratamento que recebeu PARP + FYM T_{11} (21,28 kg ha^{-1}) seguido pelo tratamento T9 PARP + PSM (20,08 kg ha^{-1}) que foi a par com o tratamento T_{11} e o menor foi registado no controlo (9,61 kg ha^{-1}).

A maior absorção total de P foi registada no tratamento com FYM pode ser devido à solubilização de RP na presença de adubos orgânicos através da secreção de ácidos orgânicos e redução na fixação de P por um período mais longo com maior sorção de P como resultado da formação de complexos fosforo-húmicos, substituição aniónica de iões fosfato por iões humato e cobertura de proteção por húmus sobre partículas de sesquióxidos (Narayansamy e Biswas 1998; Sharma e Tripathi 1999). Estes resultados são semelhantes aos resultados registados por (Deshpande *et al.* 2015)

4.4.4 Eficiência na utilização do fósforo (PUE)

A eficiência do uso de fósforo na cultura da soja variou entre os diferentes tratamentos da tabela 8. A maior foi observada no tratamento que recebeu PARP + FYM (T_{11}) 19.46 seguido pelo tratamento (T_9) PARP + PSM i.e. 15.41.

O PUE foi registado mais alto na combinação da fonte de P com FYM e estes resultados são semelhantes aos resultados de (Majumdar *et al.* 2007).

Quadro 8: Efeito de diferentes fontes de fósforo com ou sem FYM e PSM na absorção de fósforo pela cultura e na eficiência de utilização de fósforo (PUE)

Treatments	Seed (kg ha^{-1})	Stover (kg ha^{-1})	Total (kg ha^{-1})	PUE
T_1	6.51	3.11	9.61	-
T_2	6.91	3.53	10.49	-
T_3	9.22	6.76	15.94	10.56
T_4	9.84	7.52	17.33	12.86
T_5	7.32	4.62	12.08	4.13
T_6	7.95	5.23	13.20	6.00
T_7	8.81	5.66	14.42	8.03
T_8	10.13	8.04	18.19	14.31
T_9	11.21	8.82	20.08	17.46
T_{10}	10.61	8.21	18.85	15.41
T_{11}	12.12	9.12	21.28	19.46
SEm±	0.25	0.19	0.33	-
CD (P=0.05)	0.73	0.56	1.0	-

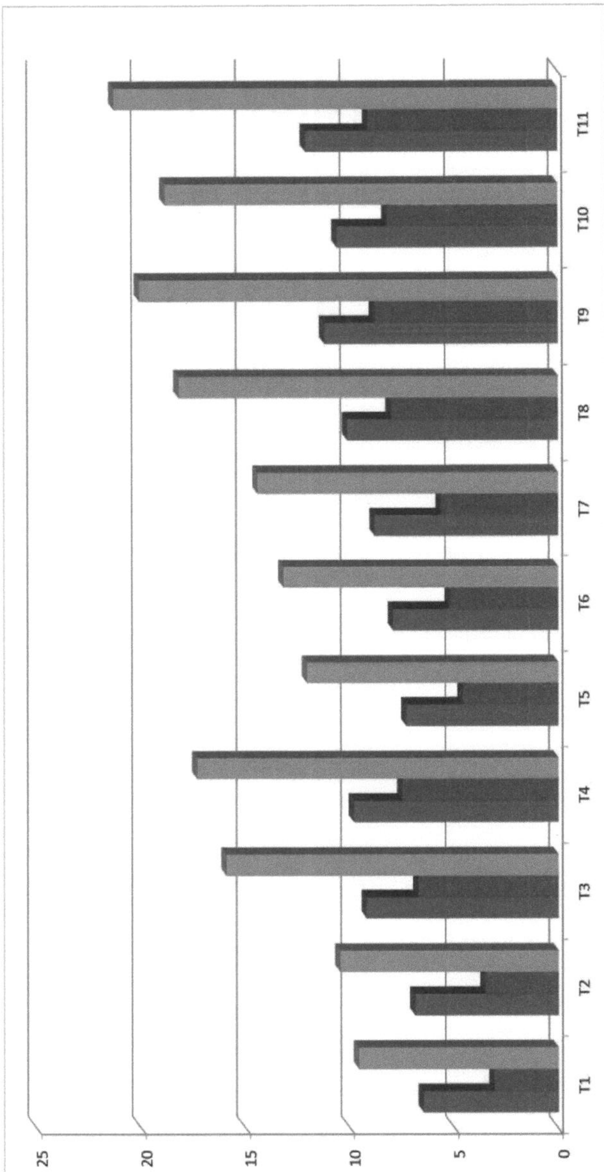

Fig. 7: Efeito de diferentes fontes de fósforo com ou sem FYM e PSM na absorção de fósforo pela cultura

4.5 Solo após a colheita - Carbono orgânico (%), N, P e K disponíveis (kg ha^{-1})

4.5.1 Carbono orgânico (%)

O teor de carbono orgânico do solo na colheita foi mais elevado no tratamento que recebeu T_{11} PARP + FYM (1,98 %) seguido pelo tratamento T10 URP + FYM (1,95 %) e o mais baixo foi registado no controlo (1,66 %). A partir da tabela 9, observou-se que o conteúdo de carbono orgânico foi considerado não significativo.

O teor de carbono orgânico aumentou no tratamento com FYM, o que pode ser devido à adição de carbono orgânico através de FYM, incorporação de biomassa através de raízes e queda de folhas das plantas em graus variados e criação de condições favoráveis para o crescimento de microorganismos do solo e os resultados foram semelhantes aos de (Majumdar *et al.* 2007).

4.5.1 Azoto disponível (kg ha $)^{-1}$

Os dados revelados a partir da análise do solo foram apresentados no quadro 9, tendo-se verificado que houve uma influência significativa no azoto disponível. O máximo foi registado no tratamento seguido do tratamento e o mínimo foi registado no controlo.

A elevada quantidade de azoto disponível no tratamento com FYM indica a sua elevada acumulação substancial devido ao aumento da fixação biológica de azoto (Kundu *et al.* 1998) e os resultados foram semelhantes aos resultados de (Rajput *et al.* 2014).

4.5.2 Fósforo disponível (kg ha $)^{-1}$

A partir da tabela 9, notou-se que o maior fósforo disponível foi registado no tratamento que recebeu PARP + FYM T_{11} (21,69 kg ha^{-1}) seguido pelo tratamento T9 PARP + PSM (20,23 kg ha^{-1}) e o menor foi registado no controlo (8,15 kg ha^{-1}). Também foi observado que o fósforo disponível variou significativamente com as diferentes fontes de fósforo com ou sem FYM e PSM.

O máximo de P disponível após a colheita foi registado pode ser devido à adição de adubos orgânicos que produziram os ácidos orgânicos na sua decomposição no solo (Chen e Vimelech 1986) e também os exsudados de raiz de grão-de-bico como ácido succínico e málico (Myskow 1960) que por sua vez aumentou a conversão de P insolúvel em P solúvel (Paneerselvam *et al.* 2000). Resultados semelhantes foram registados por (Mashori *et al.* 2013 e Kasifah *et al.* 2014).

4.5.3 Potássio disponível (kg ha)$^{-1}$

O potássio disponível foi mais elevado no tratamento que recebeu PARP + FYM T_{11} (260,72 kg ha^{-1}) seguido pelo tratamento T_{10} URP + FYM (257,23 kg ha^{-1}) e o mais baixo foi registado no controlo. A partir da tabela 9, observou-se que o potássio disponível variou significativamente entre os diferentes tratamentos.

O aumento do K disponível na colheita pode ser devido ao aumento da disponibilidade de K devido à adição de FYM ao solo e estes resultados estão de acordo com (Rajput *et al.* 2014).

Quadro 9: Efeito de diferentes fontes de fósforo com ou sem FYM e PSM no teor de carbono orgânico e nutrientes disponíveis na colheita

Treatments	Organic C (%)	N (kg ha^{-1})	P (kg ha^{-1})	K (kg ha^{-1})
T_1	1.66	298.36	8.15	202.18
T_2	1.68	303.36	10.21	205.76
T_3	1.76	317.21	13.33	234.37
T_4	1.79	320.93	14.17	241.19
T_5	1.70	310.79	11.39	213.98
T_6	1.72	313.46	11.92	221.25
T_7	1.74	315.75	12.49	227.86
T_8	1.83	324.63	15.75	247.52
T_9	1.88	332.53	20.23	250.85
T_{10}	1.95	329.45	18.17	257.23
T_{11}	1.98	334.02	21.69	260.72
SEm±	0.07	1.21	0.15	1.57
CD (P=0.05)	NS	3.58	0.44	4.63

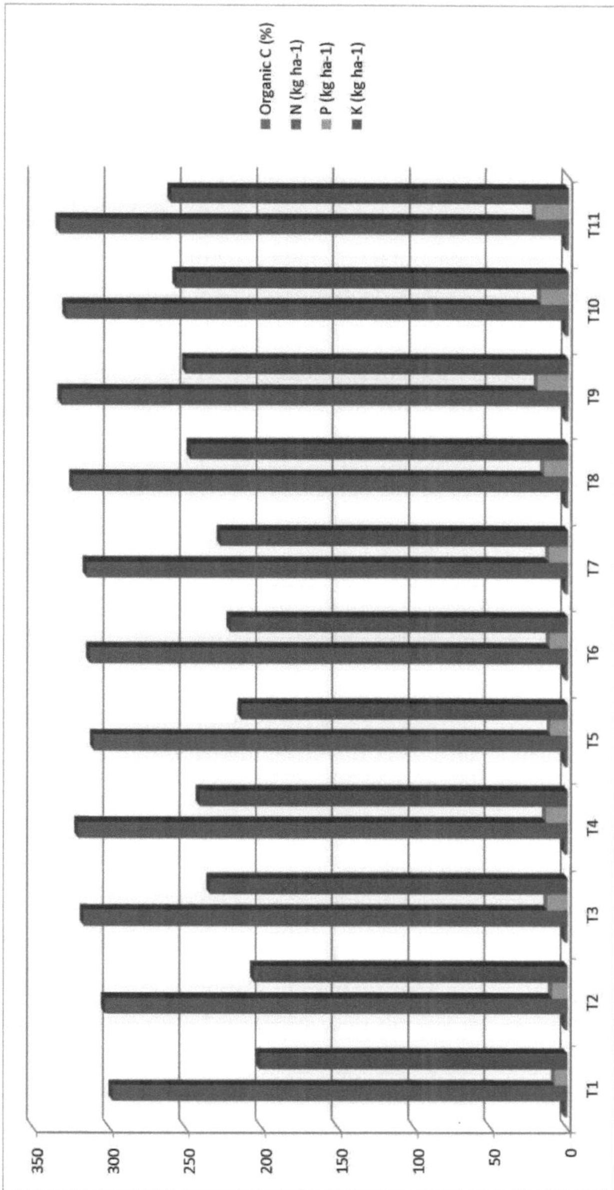

Fig 8: Efeito de diferentes fontes de fósforo com ou sem FYM e PSM no teor de carbono orgânico e nutrientes disponíveis na colheita

CAPÍTULO 5

RESUMO E CONCLUSÕES

A presente investigação intitulada "Avaliação do fosfato de rocha de Udaipur como fonte de fósforo para a soja (*Glycine max* L. Merrill)" foi realizada em duas experiências *viz,* no laboratório da Escola de Ciências Agrícolas e Desenvolvimento Rural, Universidade de Nagaland e na fazenda do projeto de pesquisa de soja AICRP, Medziphema, Nagaland no período de junho a novembro de 2015. Os experimentos de laboratório e de campo foram realizados em um desenho completamente aleatório (CRD) e em um desenho de blocos aleatórios (RBD), respetivamente, em três repetições. Na experiência de laboratório, foi realizado um estudo de incubação para examinar o padrão de libertação de P do fosfato de rocha de Udaipur e foram registadas as alterações no P disponível e no pH durante a incubação. No campo, a soja foi utilizada como cultura de ensaio para estudar a eficácia do URP com ou sem alterações no rendimento e na qualidade. As respostas da soja a vários tratamentos foram registadas, *ou seja*, rendimento e atributos de rendimento, qualidade e absorção de nutrientes. As principais caraterísticas desta investigação são resumidas a seguir.

1. Os valores de pH na experiência de incubação foram diminuindo à medida que o período de incubação avançava. A maior diminuição foi registada com a aplicação de PARP + FYM seguida de PARP + PSM e a menor diminuição foi registada no controlo. Verificou-se que não era significativo aos 15 dias e era significativo aos 30, 60 e 90 dias do período de incubação.

2. O P disponível na experiência de incubação aumentou a partir da data de incubação e o aumento do P disponível diminuiu gradualmente à medida que o período de incubação prosseguia. Os valores mais elevados foram registados com a aplicação de PARP + FYM seguido de PARP + PSM e os mais baixos foram registados no controlo em diferentes datas do período de incubação *viz,* 15, 30, 60 e 90 dias. Os resultados estatísticos obtidos foram considerados significativos.

3. O número de vagens de sementes^{-1} da cultura de soja na experiência de campo foi considerado não significativo e o número mais elevado foi registado no tratamento que recebeu PARP + FYM seguido de PARP + PSM e o mais baixo foi registado no controlo.

4. O número máximo de plantas de vagens^{-1} foi registado com a aplicação de PARP + FYM seguido de PARP + PSM e o mais baixo foi registado no controlo. A aplicação de diferentes fontes de fósforo com ou sem emendas e suas misturas influenciou significativamente o número de vagens^{-1} .

5. Os resultados estatísticos do número de plantas com vagens cheias^{-1} foram significativos e o maior número de plantas com vagens cheias^{-1} foi registado no tratamento com PARP + FYM seguido de PARP + PSM e o menor foi registado no controlo.

6. Os dados da produção de sementes revelaram que houve uma diferença significativa entre os tratamentos. O maior rendimento de sementes foi observado no tratamento que recebeu PARP + FYM, seguido por PARP + PSM, que foi igual a PARP + FYM e o menor foi registado no controlo.

7. O rendimento do caule foi significativamente influenciado pelos diferentes tratamentos e o mais elevado foi observado com PARP + FYM seguido de PARP + PSM e o mais baixo foi observado com o controlo.

8. O teor de proteínas foi mais elevado no tratamento com PARP + FYM seguido de PARP + PSM e o mais baixo foi registado no tratamento de controlo. Os diferentes tratamentos influenciaram significativamente o teor de proteínas.

9. O teor de óleo das sementes foi significativamente diferente entre todos os tratamentos. O teor de óleo de sementes mais elevado foi registado no tratamento que recebeu PARP + FYM, seguido de PARP + PSM, que foi igual ao PARP + FYM, e o mais baixo foi registado no tratamento de controlo.

10. A absorção de fósforo pela semente e pelo caule foi significativamente influenciada pelos diferentes tratamentos. A absorção máxima de P foi observada no tratamento com PARP + FYM, seguido de PARP + PSM, que foi igual ao PARP + FYM e o menor foi registado no tratamento de controlo.

11. A eficiência de utilização de fósforo da cultura variou com os tratamentos e o maior PUE foi registado no tratamento com PARP + FYM seguido de PARP + PSM.

12. O teor de carbono orgânico após a colheita foi analisado a partir do solo e

verificou-se que não era significativo. O maior teor de carbono foi registado no tratamento que recebeu PARP + FYM seguido de URP + FYM e o menor foi registado no tratamento de controlo.

13. O N disponível após a colheita foi significativo. O N disponível mais elevado foi observado no tratamento que recebeu PARP + FYM seguido de PARP + PSM e o mais baixo foi registado no tratamento de controlo.

14. O P disponível foi mais elevado no tratamento com PARP + FYM seguido de PARP + PSM e o mais baixo foi registado no tratamento de controlo. As diferentes fontes de P, com ou sem alterações, influenciaram significativamente o P disponível.

15. O estado do K disponível no solo após a colheita foi considerado significativo. O valor mais elevado de K disponível foi registado no tratamento que recebeu PARP + FYM seguido de URP + FYM e o mais baixo foi registado no tratamento de controlo.

CONCLUSÃO

Os resultados da presente investigação revelaram que o P desempenha um papel significativo na cultura da soja, influenciando o crescimento, o rendimento e a qualidade da soja. A partir dos experimentos realizados, observou-se que a observação feita em vários dias do período de incubação e colheita, a aplicação de PARP na taxa de 60 kg P2O5 juntamente com 5 t FYM ha^{-1} gerou melhores resultados. Assim, pode-se concluir que a aplicação de PARP à taxa de 60 kg de P2O5 juntamente com 5 t de FYM ha^{-1} é mais eficaz para aumentar o rendimento e a qualidade da soja e o estado residual de nutrientes do solo sob a condição de solo ácido de Nagaland. A aplicação de RP à taxa de 60 kg de P2O5 minimiza o custo do fertilizante P e é a melhor alternativa para fertilizantes P caros que podem ser facilmente manuseados pelos agricultores em comparação com o PARP, evitando a acidulação do RP.

REFERÊNCIAS

AOAC. I960. Official Methods of analysis (18th ed.) Association of Official Agricultural Chemists, Washington.

Abarna G. 2012. Investigação sobre o padrão de dissolução de fósforo do fosfato de rocha de mussoorie e seu impacto no crescimento e rendimento do arroz (*Oryza sativa* L.). *Tese de Mestrado*, TNAU, karaikal.

Adhikari T, Samaresh K e Rao A S. 2014. Solubilização microbiana de fósforo a partir de nano fosfato de rocha. *Jornal de Ciência e Tecnologia Agrícola* **4** (6): 468-474.

Agarwal B K, Sarkar A K, Prasad J e Singh R P. 2004. Fosfato de rocha compactado como fonte de fósforo vegetal em solos ácidos. *Jornal de Pesquisa, Universidade Agrícola de Birsa* **16** (2): 215-222.

Agrawal H P e Mishra A K. 1994. Nutrição de enxofre da soja. *Comunicações em Ciência do Solo e Análise de Plantas* **25**: 1302-1312.

Akintokun O O, Adetunji M T e Akintokun P O. 2003. Disponibilidade de fósforo para a soja a partir de uma amostra de rocha fosfática indígena em solos do sudoeste da Nigéria. *Nutrient Cycling in Agroecosystems* **65**(1): 35-41.

Akinrinde E A, Teboh E, Obigbesan G O. 2005. Avaliação das rochas fosfáticas moídas para o crescimento e rendimento do milho (*Zea mays*) e da soja (*Glycine max*) num alfisol tropical na Nigéria. *Asian Journal of Plant Sciences* **4**(5): 513-518.

Akinrinde E A, Omogoye A M e Obigbesan G O. 2007. Desempenho comparativo da soja (*Glycine Max*) em resposta a tratamentos com fertilizantes à base de fosfato de rocha e superfosfato em dois solos tropicais na Nigéria. *Global Journal of Agricultural Sciences* **6**(1): 81-88.

Andy W e Abdullah T. 2011. Efeito do fosfato de rocha enriquecido com SP36 no rendimento da soja em ultisol Lampung. *Agrivita* **33**(1): 1-6.

Angela P, Nelson W e Octavio A. 2015. Dissolução *in vitro* de fosfato de rocha acidulado por microrganismos solubilizadores de fosfato. *Ata Biological* **Colombia20**(2): 65-71.

Aziz Qureshi A e Narayanasamy G.1999. Efeito direto dos fosfatos de rocha e dos solubilizadores de fosfato no crescimento da soja num Ustochrept Typic. *Journal of theIndian Society of Soil Science* **47**: 475-478.

Bagavathi Ammal U e Mahimairaja S. 1999. Utilização de fosfato de rocha da Tunísia com produtos orgânicos em Inceptisol Typic para algodão e grama verde. *Jornal Agrícola de Madras* **86**:149-151.

Bagavathi Ammal U, Mathan K K e Mahimairaja S. 2000. Dissolução de fosfato de rocha de Udaipur de baixo grau em um solo vermelho não calcário (Typic Haplustalf). *Jornal de Agricultura Tropical* **38**(1/2): 59-62.

Baruah T C e Barthakur H P. 1999. A Text Book of Soil Analysis. *Vikas Publishing house Pvt Ltd*, Nova Deli.

Beaton J D, Dev G e Halstead E H. 1993. *Actas do Seminário Anual da FAI* SVI-3/1- 3/8.

Biswas D R e Narayanasamy G. 2002. Mobilização do fósforo do fosfato de rocha através da compostagem utilizando resíduos de culturas. *Fertiliser News* **47**(3): 53- 56.

Black C A. 1965. Methods of soil analysis. Vol. I. *Sociedade Americana de Agronomia,* Madison, Wisconsin, U.S.A.

Bolan N S e Hedley M J. 1989. Dissolução de rochas fosfáticas no solo. Avaliação de métodos de extração para a medição da dissolução de fosfato. *Fertilizer Research* **19**: 65-75.

Chang, Ruzen. 1989. Estudos sobre a origem da soja cultivada (G.max L. Merrill). *OH Cropsof China* **1**: 1-6.

Chapman H D e Pratt P F. 1982. Method of Analysis of Soil, Plant and Water. 2nd Ed. Califórnia: Divisão Agrícola da Universidade da Califórnia, pp: 170.

Chavan P G, Shinde V S, Kote G M, Solunke P S e Bhondve A A. 2008. Resposta de fontes e níveis de fósforo com e sem inoculação de PSB no crescimento, rendimento e qualidade da soja. *Investigação sobre Culturas* **9**(2): 286-289.

Chein S H. 1977. Dissolução de rochas fosfáticas num solo ácido de inundação. *Soil Science Society American Journal* 41:1106-1109.

Chien S H e Hammond L L.1989. Eficácia agronómica de rocha fosfática parcialmente acidulada influenciada pela capacidade de fixação de fósforo do solo. *Plant and* **Soil120**(2):159-164.

Chen Y e Vimelech Y. 1986. *The Role of Organic Matter in Modern Agriculture (O Papel da Matéria Orgânica na Agricultura Moderna).* Martinus Publishers, Adordrect, Netherlands Pp. 3.

Cochran W G e Cox G M. 1957. Experimental Designs. Wilet, Nova Iorque.

Damodaran T e Hedge D M. 2010. *Oilseed Situation - A Statistical Compendium.* Directorate of Oilseeds Research, Hyderabad, pp. 486.

Deshpande A N, Dalavi S S, Pandey S H, Bhalerao V P e Gosavi A N. 2015.Effect of rock phosphate along with organic manures on soil properties, yield and nutrient uptake by wheat and chickpea. *Jornal da Sociedade Indiana de Ciência do Solo* **63** (1): 93-99.

Djuniwati S, Nugroho B e Pulunggono H B. 2012. As alterações das fracções de P- e solubilidade da rocha fosfática em ultisol tratado por matéria orgânica e rocha fosfática. *Journal Tanah Tropika* **17**(3): 203-210.

Dubey S K. 2000. Effectiveness of rock phosphate and superphosphate amended with phosphate solubilizing microorganisms in soybean grown on Vertisols. *Journal of the Indian Society of Soil Science* **48**(1): 71-75.

Dubey S K. 2001. Balanço de N e P como influenciado por bactérias solubilizadoras de fosfato e fertilização fosfatada em soja de sequeiro (Glycine max) cultivada em vertisols. *Anais da Pesquisa Agrícola 22(1):* 162-164.

Dwivedi A K e e Bapat P N. 1998. Interação enxofre-fósforo na síntese de frações nitrogenadas e óleo na soja. *Journal of Sociedade Indiana de Ciência do Solo* **46**: 254-257.

Easterwood G W, Sartain J B e Street J J. 1989. Eficácia do fertilizante de três apatites de carbonato num Ultisol. *Comunicação Ciência do Solo Análise de Plantas* **20**: 789-800.

FAO/IFA/IFDC. 1994 Fertilizer Use by Crop (2ª Edição), *Serviço de Análise Estatística, Divisão de Estatística*, FAO, Roma, Itália.

Fankem H T, Chakounte G V T, Nkot L N, Mafokoua H L, Dondjou D T, Simo C, Nwaga D e Etoa F X. 2015. Crescimento e nodulação do feijão comum (*Phaseolus vulgaris* L.) e da soja (*Glycinemax*) como influenciado por bactérias solubilizadoras de fosfato de rocha em *condições de* cultivo em vaso. *International Journal of Agricultural Policy and Research* **3**(5): 242-250.

Associação de Fertilizantes da Índia. 1999. *Fertilizer Statistics* 1998-99. New Delhi.

Associação de Fertilizantes da Índia. 2003/04. *Estatísticas de fertilizantes e agricultura*. New Delhi.

Franzini V I, Muraoka T, Coraspe-Leon H M e Mendes F L. 2009. Eficiência de rocha fosfática reativa aplicada em misturas com triplo superfosfato em milho e soja. *Pesquisa Agropecuária Brasileira* **44**(9): 1092-1099.

Gaind, S. e GaurA.C. (1989). *Current Science* **58**: 1208-1211.

Gaur A C e Sunitha G. 1999. Phosphate solubilizing microorganisms - An overview. *Tendências actuais em ciências da vida* **23**: 151-164.

Gaur A C. 1990. Phosphate solubilizing microorganisms and organic matter in soil productivity (Microrganismos solubilizadores de fosfato e matéria orgânica na produtividade do solo). *National Academic Sciences* 259-268.

Ghosh A B e Hasan R. 1979. Estado de fertilidade do fósforo dos solos da Índia, Bull. No.12. ISS, pp.1-8.

Govindan S, Piyush J, Preeti S, Mishra, P K, Joshi G K, Rangarajan V, Bisht J K, Bhatt J C e Gupta H S. 2013. Solubilização de fosfato de rocha por Pseudomonas spp. psicrotolerantes e seu efeito sobre o crescimento da lentilha e a absorção de nutrientes em condições de polyhouse. *Anais de Microbiologia* **63**(4): 1353-1362.

Gupta M, Praveen R, Vijaylata P, Arvind G, Singh B, Bhanwra R K e TewariR. 2012. Comparative efficiency of phosphate - solubilizing bacteria under greenhouse conditions for promoting growth and aloin-A content of *Aloe barbadensis*. *Arquivos de Agronomia e Ciência do Solo* **58**(4): 437-449.

Hammond L L. 1979. Medidas agronómicas da eficácia das rochas fosfáticas Pp. 147- 143. In Seminário sobre rocha fosfática para aplicação direta. Publicação especial IFDC-S1, Centro Internacional de Desenvolvimento de Fertilizantes (IFDC), Muscle Shoals, Albama, EUA.

Hasan R. 1996. Phosphorus Status of Soils in India. *Better Crops International* **10**(2):4-5.

Hymowitz T. 1970. On the domestication of the soybean. *Botânica Económica* **24**(4): 408-21.

Inayat M K, Aamir H M, Tarence T, Abid M e Muzamil, S. 2011. Valor fertilizante do fosfato de rocha como influenciado pela incubação com FYM e P-solubilizadores. *Jornal Asiático de Ciência do Solo* **6**(1): 25-26.

Jackson M L. 1973. Soil Chemistry Analysis. Prentice Hall of India Pvt. Ltd., New Delhi, Pp: 31.

Kasifah, Syekhfani, Nuraini Y e Handayanto E. 2014. Efeitos de resíduos de plantas e extractos de composto na solubilização de fósforo de fosfato de rocha e solo. *Jornal Americano-Eurásico de Agricultura Sustentável* **8**(5): 43-49.

Keyser H H e Fudi Li. 1992. Potencial para aumentar a fixação biológica de nitrogénio na soja. *Plant and Soil* **141** : 119-35.

Kundu S, Barman K K, Singh M, Manna M C e Takkar P N. 1998. Effect of FYM and N2 fixation in soybean (*Glycine max*) and its contribuution to soil nitrogen. *Journal of the Indian Society of Soil Science* **46**: 692-694.

Kumutha K, Sempavalan J e Santhanakrishnan P. 2004. Efeito do fosfato insolúvel e da inoculação dupla na soja. *Tecnologia de biofertilizantes* 354-358.

LaxmiNarayana K. 2005. Efeito do P de microrganismos solubilizadores no rendimento do arroz e na disponibilidade de nutrientes num solo ácido de Mizoram. *Jornal da Sociedade Indiana de Ciência do Solo* **53**: 240-243.

Mahendran P P, Narayanasamy G e Biswas D R. 2005. Efeito dos níveis e métodos de acidulação nas propriedades das rochas fosfáticas parcialmente aciduladas e no seu potencial agronómico num Haplustalf de Udic. *Journal of the Indian Society of Soil Science* **53**(3): 369-375.

Majumdar B, Venkatesh M S e Kailash K P. 2007. Efeito do fosfato de rocha, do superfosfato e das suas misturas com FYM na soja e nos reservatórios de P do solo num Hapludalf Típico de Meghalaya. *Journal of the Indian Society of Soil Science* **55**(2): 167-174.

Mala T. 2000. A eficácia de Entrophospora colombiana e Scutellospora sp. associadas à soja na solubilização de fosfato. *Kasetsart Journal, Natural Sciences* **34**(4): 464-477.

Manoharan V T. 1997. Impacto da aplicação de fertilizantes fosfatados na acidez do solo e na fitotoxicidade do alumínio. *Tese de doutoramento, Universidade de Massey.*

Mashori N M, Mehrunisa M, Memon K S e Hidayatullah K. 2013. Rendimento de matéria seca de milho e absorção de P como influenciado por fosfato de rocha e super fosfato único tratado com estrume de fazenda. *Solo e Meio Ambiente* **32**(2): 30-134.

Meena M D e Biswas D R. 2014. Alterações nas propriedades biológicas no solo alterado com fosfato de rocha e composto enriquecido com resíduos de mica usando alterações biológicas e fertilizantes químicos na rotação trigo-soja. *Jornal de Nutrição Vegetal* **37**(12): 2050-2073.

Misra U K, Das N e Pattanayak S K. 2002. Fertilizer value of indigenous phosphate rock modified by mixing with pyrite and composting with paddy straw. *Journal of the Indian Society of Soil Science* **50**(3): 59 264.

Mohan Singh, Namdev S L e Kapoor K K. 2004. Utilização benéfica de rocha fosfática como fonte de fósforo nos solos. *Phosphate rich organic manure: an alternate to phosphatic fertilizers 105-110.*

Mohod C D, Gupta D N e Cheven A S. 1989. Enhancement of phosphate availability and P uptake in ricce by phosphate solubilising cultivars. *Journal of Maharastra Agricultural University* **14:** 178-181.

Motsara M R. 2002. Estado do azoto, fósforo e potássio disponíveis no solo indiano, tal como descrito nos mapas de fertilidade do solo: *Fertilizer News* **47**(8).

Myskow W. 1960. A dissolução do fosfato de cálcio por algumas bactérias do solo. *Ata Microbilologica* ***PolonicaV:*** 367-370.

Nagata T. 1960. Estudos sobre a diferenciação da soja no Japão e no mundo. *Men ItyogoUniversity Agriculture* **3**(2): 63-102.

Nagendra Kumar P. 2005. Efeito do fosfato de rocha de mussoorie e do enxofre no crescimento, rendimento e certos parâmetros de qualidade da soja [*Glycine max* (L.) Merrill], *Tese de Mestrado*, Universidade de Ciências Agrárias, Dharwad.

Narayanasamy G e Biswas D R, 1998, Phosphate rocks of India- Potencialities and constraints, *Fertilizer News* **43**(10): 21-23,

Nwoke O C, Okogun J A, SangingaN, Diels J, Abaidoo R C e Osonubi O, 2009, Utilização de rocha fosfática por genótipos de soja num solo de savana com baixo teor de P e o estado das fracções de P do solo após uma cultura de milho subsequente, *African Journal of Biotechnology* **8**(15): 3479-3488,

Omar S A, 1998, The role of rock phosphate solubilizing fungi and vesicular arbuscular mycorrhiza (VAM) in growth of wheat plants fertilized with rock phosphate, *World Journal of Microbial Biotechnology* **14**: 211-219,

Panda N e Misra U K, 1984, Efficicient utilization of phosphatic fertilizers in soils of Orissa, *Symposium on Efficient Use of Fertilizers in Orissa soils* Pp 12-31,

Pannerselvam S, Lourduraj A C e Balasubramanium N, 2000, Soil available phosphorus and its uptake by soybean as influenced by organic manures, inorganic fertilizers and weed management practices, *Indian Journal of Agricultural Research* **34**: 9-16,

Patil S V, Halikatti S I, Hiremath S M, Babaland HB, Sreenivasa M N, HebsurN S, e Somanagouda G, 2011, Efeito de adubos orgânicos e fosfato de rocha no crescimento e rendimento de grão-de-bico (Cicer arietinum L,) em vertisols,

Karnataka Journal of Agricultural Sciences **24**(5): (636-638),

Pratibha S e Aery N C, 2004, Agronomic effectiveness of high grade rock phosphate with organic sources and phosphate solubilizing bacteria on wheat(Triticum aestivumL,), *Phosphate rich organic manure: an alternate tophosphatic fertilizers* 168-172,

Qureshi AA e Narayanasamy G, 1999, Efeito direto de fosfatos de rocha e solubilizadores de fosfato no crescimento da soja numa typic Ustochrept. *Journal of the Indian Society of Soil Science* **47**(3): 475- 478.

Qureshi A A e Narayanasamy G. 2005. Efeito residual das rochas fosfáticas no rendimento da matéria seca e na absorção de P das culturas de mostarda e trigo. *Journal of the Indian Society of Soil Science* **53**(1): 132-134.

Rajendra Prasad Dr. *Textbook of Field Crops Production - Commercial Crops* Volume 2, pp.1-3.

S S, Agarwal S K e Intodia S K. 2014. Efeito residual das fontes de fosfato de rocha de Udaipur, métodos de incubação e FYM na fertilidade do solo na sequência de trigo-maiz. *Jornal Indiano de Conservação do Solo* **42**(2): 164-169.

Rasal P H, Sangale B B, e Pawar K B. 2004. Efeitos dos microrganismos solubilizadores de fosfato e oxidantes de enxofre no rendimento e na absorção de fósforo da soja. *Jornal das Universidades Agrícolas de Maharashtra* **29**(1): 51-53.

Ravi M V e Siddaramappa R. 2002. Influência do VAM na nutrição de P da soja em alfisol tratado com diferentes rochas fosfáticas. *Current Research-University of Agricultural Sciences (Bangalore)* **31**(11/12): 192194.

Ravi K H, Nagaraju A P, Yogananda S B e Sreeramulu K R. 2001. O fosfato de rocha ativado melhora a absorção de nutrientes e o teor de proteínas no feijão-de-gato. *Crop Research (Hisar),* **22**(2): 201-205.

Ray P, Rahshit R e Biswas DR. 2013. Developments in Production of Phosphatic Fertilizers Retrospect and Prospect. *Indian Journal of Fertilizers* **9**(10): 44-53.

Saroa G S e Weerasinghe P. 2012. Bioactivação de fosfato não reativo na Rocha Fosfática de Udaipur com adubos orgânicos. *Revista Internacional de Ciências*

Agrárias **8**(1): 87-90.

Sekhar D M R e Aery N C. 2001. Fosfato de rocha com estrume de quinta como fertilizante de P em solos neutros e fracamente alcalinos. *Current Science* **80**(9): 11131115.

Shanmugam P M. 2008. Potencial de produção e economia do sistema de culturas intercalares à base de ervilha-de-angola (Cajanus cajan) com diferentes níveis e formas deP. *Journal of Farming Systems Research & Development* **14**(1): 118-122.

Sharma U C e Tripathi A K. 1999. Phosphate management in ricemustard cropping sequence on acid soils of Nagaland. *Journal of Indian Society of Soil Science* **47**: 732-738.

Sharma S C e Vyas A K. 2001. Residual effect of phosphorus fertilization and farmyard manure on productivity of succeeding wheat (*Triticum aestivum*) after soybean (*Glycine max*). *Indian Journal of Agronomia* **46**(3): 416-420.

Sharma S C, Vyas A K e Shaktawat M S. 2002. Effect of levels and sources of phosphorus under the influence of farm yard manure on growth determinants and productivity of soybean [*Glycine max* (L.) Merrill]. *Indian Journal of Agricultural Research* **36**(2): 123-127.

Sharma V e Siddaramappa R. 2008. Efeito dos fertilizantes fosfatados e dos fungos micorrízicos vesicular-arbusculares (FMAV) na disponibilidade e absorção de fósforo pela soja. *Journal of Food Legumes* **21**(4): 243-246.

Shinde P S, Sankpal V Y, Jawale S M, Shaikh A A, Dalavi N D e Jadhav M B. 2009. Efeito da gestão integrada de nutrientes nos atributos de rendimento e na qualidade da soja. *Jornal de Maharashtra Agricultural Universidades* **34**(1): 107-108.

Sinclair A G, Johnstone P D, Smith L C, Risk W H, O'Connor M B, Roberts A H, Morton, Nguyen L e Shannon P. 1993. Efeito da reatividade rocha fosfática no pH do solo sob pastagem. *New Zealand Journal of Investigação agrícola*. **36**: 381-384.

Singh M, Namdev S L e Kapoor K K. 2004. Utilização benéfica de rocha fosfática como fonte de fósforo nos solos. *Phosphate rich organic manure: an alternate to phosphatic fertilizers* 105-110.

Sisworo E L, Rasjid H, Sisworo W H, e Haryanto Idris, K. 2002. Utilização direta de rocha fosfática para melhorar a produção agrícola na Indonésia. *Documentos técnicos da Agência Internacional da Energia Atómica (IAEA- TECDOCs)* (1272): 275-293.

Sridhar S, Ramachandra C, Janardhan G, Bhaskar S. 2000. Resposta da soja aos níveis de fosfato de rocha na zona montanhosa de Karnataka. *Atual Investigação - Universidade de Ciências Agrícolas (Bangalore)* **29**(5/6): 86-87.

Subbiah B V e Asija G L. 1956. A rapid procedure for the estimation of available nitrogen in soils. *Current Science*, **28**: 256-260.

Tandon H L S e Sekhon G S. 1988. Potassium Research and Agricultural Production in India. *Fertilizer Development and Consultation Organization*, Nova Deli.

Tisdale S L, Nelson W L e Beaton J D. 1990. *Soil Fertility and Fertilizers* (*Fertilidade do Solo e Fertilizantes*). MacmillanPublishing Company, Nova Iorque.

Tiwari T N. 2002. Nutrient management for sustainable agriculture (Gestão de nutrientes para uma agricultura sustentável). *Jornal da Sociedade Indiana de Ciência do Solo* **50**: 374-379.

Unnikrishnan R. 2015. Estudos sobre a solubilização de fosfato de rocha usando adubos orgânicos e seu impacto no crescimento e rendimento de bhendi [*Abelmoschus esculentus* (L.) moench]. *Tese de Mestrado*, TNAU, karaikal.

Verma S L, Penfold C e Marschner P. 2013. Mobilização de fosfato de rocha por aplicação superficial de composto. *Biologia e Fertilidade dos Solos* **49**(3): 287-294.

Wright R J, Baligar V C, Belesky D P e Snuffer J D. 1991. The effect of phosphate rock dissolution on soil chemical properties and wheat seedling root elongation. *Plant and Soil* 134: 21-30.

Yadav R S. 2003. Importância do fosfato de rocha de Udaipur como fertilizante P. *Human impact on desert environment* 333-335.

Yadav B K. 2006. Efeito do fosfato de rocha de Udaipur de baixo grau parcialmente acidulado na cultura do trigo. *Agricultura atual* **30**(1/2): 101-105.

Yu Xuan, Liu Xu e Zhu Tian Hui. 2014. Crescimento da nogueira e qualidade do solo após inoculação de solo contendo fosfato de rocha com bactérias solubilizadoras de fosfatos. *Journal ofScience Asia* **40**(1): 21-27.

Yusdar H e Hanafi M M. 2003. Utilização de rocha fosfática para o cultivo de culturas perenes e anuais na Malásia: uma revisão. *Aplicação direta de rocha fosfática e tecnologia apropriada relacionada - desenvolvimento mais recente e experiências práticas.*
Lumpur, Malásia 78-91.

APÊNDICES

APÊNDICE - I. Análise de variância do efeito dos tratamentos no P disponível em 15 dias

Source of Variation	Degree of Freedom	Sum of Squares	Mean Sum of Squares	F- ratio	F – table at 5%
Treatments	13	1805.88	138.91	2052.05	2.08*
Error	28	1.89	0.06		
Total	41	1807.78			

*- Significativo ao nível de 5% de probabilidade

APÊNDICE - II. Análise de variância do efeito dos tratamentos no P disponível aos 30 dias

Source of Variation	Degree of Freedom	Sum of Squares	Mean Sum of Squares	F- ratio	F – table at 5%
Treatments	13	6478.23	498.32	5302.27	2.08*
Error	28	2.63	0.09		
Total	41	6480.86			

*- Significativo ao nível de 5% de probabilidade

APÊNDICE - III. Análise de variância do efeito dos tratamentos no P disponível aos 60 dias

Source of Variation	Degree of Freedom	Sum of Squares	Mean Sum of Squares	F- ratio	F – table at 5%
Treatments	13	12226.76	940.52	12894.77	2.08*
Error	28	2.04	0.07		
Total	41	12228.80			

*- Significativo

APÊNDICE - IV. Análise de variância do efeito dos tratamentos no P disponível em 90 dias

Source of Variation	Degree of Freedom	Sum of Squares	Mean Sum of Squares	F- ratio	F – table at 5%
Treatments	13	15793.47	1214.88	19315.96	2.08*
Error	28	1.76	0.06		
Total	41	15795.23			

*- Significativo ao nível de 5% de probabilidade

APÊNDICE - V. Análise de variância do efeito dos tratamentos no pH do solo a 15 dias

Source of Variation	Degree of Freedom	Sum of Squares	Mean Sum of Squares	F- ratio	F – table at 5%
Treatments	13	0.09	0.0071	1.19	2.08^{NS}
Error	28	0.16	0.0060		
Total	41	0.26			

**- Não significativo

APÊNDICE - VI. Análise de variância do efeito dos tratamentos no pH do solo a 30 dias

Source of Variation	Degree of Freedom	Sum of Squares	Mean Sum of Squares	F- ratio	F – table at 5%
Treatments	13	0.56	0.04	22.40	2.08*
Error	28	0.05	0.0019		
Total	41	0.61			

*- Significativo ao nível de 5% de probabilidade

APÊNDICE - VII. Análise de variância do efeito dos tratamentos no pH do solo a 60 dias

Source of Variation	Degree of Freedom	Sum of Squares	Mean Sum of Squares	F- ratio	F – table at 5%
Treatments	13	2.07	0.15	98.67	2.08*
Error	28	0.045	0.0016		
Total	41	2.12			

*- Significativo ao nível de 5% de probabilidade

APÊNDICE - VIII. Análise de variância do efeito dos tratamentos no pH do solo a 90 dias

Source of Variation	Degree of Freedom	Sum of Squares	Mean Sum of Squares	F- ratio	F – table at 5%
Treatments	13	3.97	0.30	342.80	2.08*
Error	28	0.02	0.00089		
Total	41	4.00			

*- Significativo

APÊNDICE - IX. Análise de variância do efeito dos tratamentos sobre o número de sementes da vagem^{-1}

Source of Variation	Degree of Freedom	Sum of Squares	Mean Sum of Squares	F- ratio	F – table at 5%
Replications	2	0.05	0.02	1.16	3.49^{NS}
Treatments	10	0.58	0.05	957.48	2.34*
Error	20	0.97	0.04		
Total	32	1.61			

*- Significativo ao nível de 5% de probabilidade NS - Não significativo

APÊNDICE - X. Análise de variância do efeito dos tratamentos no número de vagensda planta[1]

Source of Variation	Degree of Freedom	Sum of Squares	Mean Sum of Squares	F- ratio	F – table at 5%
Replications	2	0.24	0.12	1.16	3.49^{NS}
Treatments	10	1013.84	101.38	957.48	2.34*
Error	20	2.11	0.10		
Total	32	1016.21			

*- Significativo ao nível de 5% de probabilidade NS - Não significativo

APÊNDICE - XI. Análise de variância do efeito dos tratamentos no número de vagens cheias da planta".[1]

Source of Variation	Degree of Freedom	Sum of Squares	Mean Sum of Squares	F- ratio	F – table at 5%
Replications	2	0.96	0.48	10.64	3.49*
Treatments	10	1429.3 1	142.93	3151.09	2.34*
Error	20	0.90	0.04		
Total	32	1431.1 9			

*- Significativo ao nível de 5% de probabilidade

APÊNDICE - XII. Análise de variância do efeito dos tratamentos no rendimento das sementes

Source of Variation	Degree of Freedom	Sum of Squares	Mean Sum of Squares	F- ratio	F – table at 5%
Replications	2	1.63	0.81	1.95	3.49^{NS}
Treatments	10	494.25	49.42	118.42	2.34*
Error	20	8.34	0.41		
Total	32	504.23			

*- Significativo

NS - Não significativo

APÊNDICE - XIII. Análise de variância do efeito dos tratamentos sobre o rendimento do caule

Source of Variation	Degree of Freedom	Sum of Squares	Mean Sum of Squares	F- ratio	F – table at 5%
Replications	2	1.27	0.63	1.77	3.49 NS
Treatments	10	1036.63	103.66	289.25	2.34*
Error	20	7.16	0.35		
Total	32	1045.07			

*- Significativo ao nível de 5% de probabilidade NS - Não significativo

APÊNDICE - XIV. Análise de variância do efeito dos tratamentos no teor proteico das sementes.

Source of Variation	Degree of Freedom	Sum of Squares	Mean Sum of Squares	F- ratio	F – table at 5%
Replications	2	1.25	0.62	1.63	3.49 NS
Treatments	10	105.33	10.53	27.52	2.34*
Error	20	7.65	0.38		
Total	32	114.23			

*- Significativo ao nível de 5% de probabilidade NS - Não significativo t

APÊNDICE - XV. Análise de variância do efeito dos tratamentos no teor de óleo da semente

Source of Variation	Degree of Freedom	Sum of Squares	Mean Sum of Squares	F- ratio	F – table at 5%
Replications	2	0.67	0.33	3.48	3.49 NS
Treatments	10	89.54	8.95	93.12	2.34*
Error	20	1.92	0.09		
Total	32	92.14			

*- Significativo NS - Não significativo

APÊNDICE - XVI. Análise de variância do efeito dos tratamentos sobre o fósforo absorção pelo vidente

Source of Variation	Degree of Freedom	Sum of Squares	Mean Sum of Squares	F- ratio	F – table at 5%
Replications	2	1.39	0.69	3.72	3.49*
Treatments	10	100.49	10.04	53.54	2.34*
Error	20	3.75	0.18		
Total	32	105.65			

*- Significativo ao nível de 5% de probabilidade

APÊNDICE - XVII. Análise de variância do efeito dos tratamentos sobre absorção de fósforo pelo feno

Source of Variation	Degree of Freedom	Sum of Squares	Mean Sum of Squares	F- ratio	F – table at 5%
Replications	2	2.12	1.06	9.67	3.49*
Treatments	10	134.36	13.43	122.21	2.34*
Error	20	2.19	0.10		
Total	32	138.69			

*- Significativo

APÊNDICE - XVIII. Análise de variância do efeito dos tratamentos no total de absorção de fósforo pela cultura

Source of Variation	Degree of Freedom	Sum of Squares	Mean Sum of Squares	F- ratio	F – table at 5%
Replications	2	6.14	3.07	8.90	3.49*
Treatments	10	463.66	46.36	134.38	2.34*
Error	20	6.90	0.34		
Total	32	476.71			

*- Significativo ao nível de 5% de probabilidade

APÊNDICE - XIX. Análise de variância do efeito dos tratamentos no teor de carbono orgânico do solo

Source of Variation	Degree of Freedom	Sum of Squares	Mean Sum of Squares	F- ratio	F – table at 5%
Replications	2	0.005	0.002	0.16	3.49^{NS}
Treatments	10	0.33	0.033	1.87	2.34*
Error	20	0.36	0.01		
Total	32				

NS - Não significativo

APÊNDICE - XX. Análise de variância do efeito dos tratamentos no azoto disponível no solo

Source of Variation	Degree of Freedom	Sum of Squares	Mean Sum of Squares	F- ratio	F – table at 5%
Replications	2	24.64	12.32	2.77	3.49^{NS}
Treatments	10	3975.19	397.51	89.61	2.34*
Error	20	88.71			
Total	32	4088.56			

*- Significativo ao nível de 5% de probabilidade NS- Não significativo

APÊNDICE - XXI. Análise de variância do efeito dos tratamentos sobre a disponibilidade fósforo no solo

Source of Variation	Degree of Freedom	Sum of Squares	Mean Sum of Squares	F- ratio	F – table at 5%
Replications	2	0.33	0.16	2.43	3.49 NS
Treatments	10	539.10	53.91	777.55	2.34*
Error	20	1.38	0.06		
Total	32	540.83			

*- Significativo ao nível de 5% de probabilidade NS - Não significativo

APÊNDICE - XXII. Análise de variância do efeito dos tratamentos na disponibilidade de potássio no solo

Source of Variation	Degree of Freedom	Sum of Squares	Mean Sum of Squares	F- ratio	F – table at 5%
Replications	2	1.21	0.60	0.08	3.49 NS
Treatments	10	12655.68	1265.56	170.66	2.34*
Error	20	148.30	7.41		
Total	32	12805.20			

*- Significativo ao nível de 5% de probabilidade NS - Não significativo

MIX
Papier aus verantwortungsvollen Quellen
Paper from responsible sources
FSC® C105338

Printed by Books on Demand GmbH, Norderstedt / Germany